四川省示范性高职院校建设项目成果
校企合作共同编写，与企业对接，实用性强

液压与气动技术

主　编　章　鸿

副主编　熊征伟　邓　陶　何　为　张永娟

主　审　杨华明

西南交通大学出版社
·成　都·

内容简介

本书主要介绍了液压传动与气压传动两部分内容。全书采用模块化设计，共分为 4 个模块：模块 1 液压传动基础，包括单元 1 液压系统概述、单元 2 液压传动基本理论；模块 2 液压元件，包括单元 3 液压泵、单元 4 液压缸与液压马达、单元 5 液压阀、单元 6 液压辅助元件；模块 3 液压回路，包括单元 7 液压基本回路、单元 8 典型液压系统；模块 4 气压传动，包括单元 9 气压传动概述、单元 10 气动元件、单元 11 气动回路及应用实例。

针对高职高专学生特点，本书每个单元后附有思考题；另外附录中列出了常用液压与气动元件图形符号，以供参考。

本书可作为高职高专机电类与近机类专业教材，同时也适用于各类函授、培训机构使用，还可作为从事液压与气动技术工作一线工人的学习参考书。

图书在版编目（CIP）数据

液压与气动技术 / 章鸿主编. —成都：西南交通
大学出版社，2015.10（2020.12 重印）
ISBN 978-7-5643-4315-6

Ⅰ. ①液… Ⅱ. ①章… Ⅲ. ①液压传动 – 高等职业教
育 – 教材②气压传动 – 高等职业教育 – 教材　Ⅳ.
①TH137②TH138

中国版本图书馆 CIP 数据核字（2015）第 228200 号

液压与气动技术

主编　章　鸿

责 任 编 辑	李　伟	
特 邀 编 辑	张芬红	
封 面 设 计	米迦设计工作室	
出 版 发 行	西南交通大学出版社 （四川省成都市金牛区二环路北一段 111 号 西南交通大学创新大厦 21 楼）	
发 行 部 电 话	028-87600564　028-87600533	
邮 政 编 码	610031	
网　　　　址	http://www.xnjdcbs.com	
印　　　　刷	四川森林印务有限责任公司	
成 品 尺 寸	185 mm × 260 mm	
印　　　　张	13.75	
字　　　　数	342 千	
版　　　　次	2015 年 10 月第 1 版	
印　　　　次	2020 年 12 月第 5 次	
书　　　　号	ISBN 978-7-5643-4315-6	
定　　　　价	32.00 元	

课件咨询电话：028-81435775

序

2014 年 6 月 23 至 24 日，全国第七次职业教育工作会议在北京召开，中共中央总书记、国家主席、中央军委主席习近平就加快职业教育发展作出重要指示。他强调，职业教育是国民教育体系和人力资源开发的重要组成部分，是广大青年打开通往成功成才大门的重要途径，肩负着培养多样化人才、传承技术技能、促进就业创业的重要职责，必须高度重视、加快发展。

在国家大力发展职业教育、创新人才培养模式的新形势下，加强高职院校教材建设及课程资源建设，是深化教育教学改革和全面培养技术技能人才的前提和基础。

近年来，四川信息职业技术学院坚持走"根植信息产业、服务信息社会"的特色发展之路，始终致力于打造西部电子信息高端技术技能人才培养高地，立志为电子信息产业和区域经济社会发展培养技术技能人才。在省级示范性高等职业院校建设过程中，学院通过联合企业全程参与教材开发与课程建设，组织编写了涉及应用电子技术、软件技术、计算机网络技术、数控技术四个示范建设专业的具有较强指导作用和较高现实价值的系列教材。

在编著过程中，编著者基于"理实一体""教学做一体化"的基本要求，秉承新颖性、实用性、开放性的基本原则，以校企联合为依托，基于工作过程系统化课程开发理念，精心选取教学内容、优化设计学习情境，最终形成了这套示范系列教材。本套教材充分体现了"企业全程参与教材开发、课程内容与职业标准对接、教学过程与生产过程对接"的基本特点，具体表现在：

一是编写队伍体现了"校企联合、专兼结合"。教材以适应技术技能人才培养为需求，联合四川军工集团零八一电子集团、联想集团、四川长征机床集团有限公司、宝鸡机床集团有限公司等知名企业全程参与教材开发，编写队伍既有企业一线技术工程师，又有学校的教授、副教授，专兼搭配。他们既熟悉国家职业教育形势和政策，又了解社会和行业需求；既懂得教育教学规律，又深谙学生心理。

二是内容选取体现了"对接标准，立足岗位"。教材编写以国家职业标准、行业标准为指南，有机融入了电子信息产业链上的生产制造类企业、系统集成企业、应用维护企业或单位的相关技术岗位的知识技能要求，使课程内容与国家职业标准和行业企业标准有机融合，学生通过学习和实践，能实现从学习者向从业者能力的递进。突出了课程内容与职业标准对接，使教材既可以作为学校教学使用，也可作为企业员工培训使用。

三是内容组织体现了"项目导向、任务驱动"。教材基于工作过程系统化理念开发，采用

"项目导向、任务驱动"方式组织内容，以完成实际工作中的真实项目或教学迁移项目为目标，通过核心任务驱动教学。教学内容融基础理论、实验、实训于一体，注重培养学生安全意识、团队意识、创新意识和成本意识，做到了素质并重，能让学生在模拟真实的工作环境中学习和实践，突出了教学过程与生产过程对接。

四是配套资源体现了"丰富多样、自主学习"。本套教材建设有配套的精品资源共享课程（见 http://www.scitc.com.cn/），配置教学文档库、课件库、素材库、习题及试题库、技术资料库、工程案例库，形成了立体化、资源化、网络化的开放式学习平台。

尽管本套教材在探索创新中还存在有待进一步提升之处，但仍不失为一套针对高职电子信息类专业的好教材，值得推广使用。

此为序。

四川省高职高专院校
人才培养工作委员会主任

前　言

"液压与气动技术"是工科高职高专机械类与近机类专业开设的一门必修课程，无论对学生的思维素质、创新能力、科学精神以及在工作中解决实际问题的能力的培养，还是对后继课程的学习，都具有十分重要的作用。

本书是精品资源开放课程"液压与气动技术"的配套教材，在编写过程中充分考虑了教材的科学性与实用性，主要突出以下特点：

（1）在内容编排上，注重理论联系实际，注意引用新技术成果，突出高职高专教育特点，以高职学生"必须、够用、实用"为度，力求做到少而精。

（2）采用大量的图示和表格来说明问题，清晰明了、通俗易懂。

（3）着眼于学生在应用能力方面的培养，强化了液压系统安装与维护方面的知识，弱化了复杂的设计计算。

（4）全面贯彻国家标准，液压与气动的图形符号严格执行现行最新的国家标准（GB/T 786.1—2009）。

（5）本书配有全套的教学资源，包括动画、视频、电子教案、考核题库、案例库等。

本书由学校骨干教师及企业技术骨干组成的团队共同编写；由四川信息职业技术学院章鸿担任主编，四川信息职业技术学院熊征伟、邓陶、何为、张永娟担任副主编。单元1、2、3由四川信息职业技术学院熊征伟及中航工业凯天电子股份有限公司周春江共同编写，单元4由四川信息职业技术学院张永娟及宜宾普什集团有限公司聂剑共同编写，单元5、6由四川信息职业技术学院何为及宜宾普什集团有限公司聂剑共同编写，单元7、8由四川信息职业技术学院邓陶及浙江天煌科技实业有限公司杜迎春共同编写，单元9、10、11由四川信息职业技术学院章鸿及浙江天煌科技实业有限公司郭存宝共同编写。全书由章鸿负责统稿，由四川信息职业技术学院杨华明负责主审。

由于编者水平有限，编写时间仓促，书中难免有疏漏之处，敬请使用本书的教师和广大读者批评指正。

编　者

2015年7月

目 录

模块 1　液压传动基础

单元 1　液压系统概述

1.1　液压传动的工作原理及组成

流体传动是以流体为工作介质进行能量转换、传递和控制传动。它包括液压传动、液力传动和气压传动。液压传动和液力传动均是以液体作为工作介质来进行能量传递的传动方式。

1.1.1　液压传动的工作原理

简单机床液压传动系统的工作过程，就是液压传动系统传动工作原理的真实写照。下面以液压千斤顶和机床液压传动系统为例来说明液压传动的工作原理。

1. 液压千斤顶

液压千斤顶工作原理图如图 1-1 所示，大液压缸 9 和大活塞 8 组成举升液压缸；杠杆 1、小液压缸 2、小活塞 3、单向阀 4 和 7 组成手动液压泵。

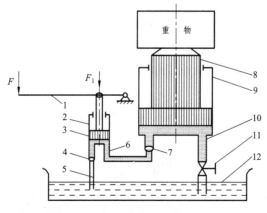

图 1-1　液压千斤顶工作原理图

1—杠杆；2—小液压缸；3—小活塞；4，7—单向阀；5—吸油管；6，10—管道；
8—大活塞；9—大液压缸；11—截止阀；12—油箱

其工作原理如下：

（1）如提起手柄使小活塞向上移动，小活塞下端油腔容积增大，形成局部真空，这时单向阀 4 打开，通过吸油管 5 从油箱 12 中吸油。

（2）用力压下杠杆手柄，小活塞下移，小缸体下腔的压力升高，单向阀 4 关闭，单向阀 7

打开，小缸体下腔的油液经管道 6 输入大缸体 9 的下腔，迫使大活塞 8 向上移动，顶起重物。

（3）再次提起手柄吸油时，举升缸下腔的压力油将试图倒流入手动泵内，但此时单向阀 7 自动关闭，使油液不能倒流，从而保证了重物不会自行下落。不断地往复扳动手柄，就能不断地把油液压入举升缸的下腔，使重物逐渐升起。

（4）如果打开截止阀 11，举升缸下腔的油液通过管道 10、截止阀 11 流回油箱，大活塞在重物和自重作用下向下移动，回到原始位置。

对液压千斤顶的液压传动工作过程进行分析得出以下结论：

（1）力的传递遵循帕斯卡原理，运动的传递遵照容积变化相等的原则，压力和流量是液压传动中的两个最基本的参数。

（2）液压传动系统的工作压力取决于负载。

（3）液压缸的运动速度取决于流量。

（4）传动必须在密封容器内进行，而且容积要发生变化。

（5）传动过程中必须经过两次能量转换。

2. 机床工作台

图 1-2 所示为一台简化了的机床工作台液压传动系统，通过它可以进一步了解一般的液压传动系统应具备的基本性能和组成。

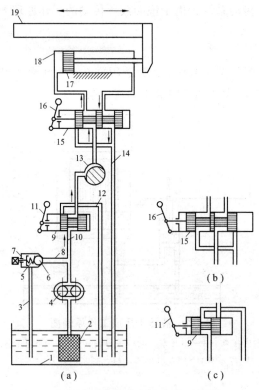

图 1-2　机床工作台液压传动系统

1—油箱；2—过滤器；3，12，14—回油管；4—液压泵；5—弹簧；6—钢球；7—溢流阀；
8，10—压力油管；9—手动换向阀；11，16—换向手柄；13—节流阀；
15—换向阀；17—活塞；18—液压缸；19—工作台

（1）液压泵 4 在电动机（图中未画出）的带动下旋转，油液由油箱 1 经过滤器 2 被吸入液压泵，而液压泵输入的压力油通过手动换向阀 9、节流阀 13、换向阀 15 进入液压缸 18 的左腔，推动活塞 17 和工作台 19 向右移动，液压缸 18 右腔的油液经换向阀 15 排回油箱。以上是换向阀 15 转换成如图 1-2（a）所示的位置。

（2）如果将换向阀 15 转换成如图 1-2（b）所示的位置，则压力油进入液压缸 18 的右腔，推动活塞 17 和工作台 19 向左移动，液压缸 18 左腔的油液经换向阀 15 排回油箱。工作台 19 的移动速度由节流阀 13 来调节。当节流阀开大时，进入液压缸 18 的油液增多，工作台的移动速度增大；当节流阀关小时，工作台的移动速度减小。液压泵 4 输出的压力油除了进入节流阀 13 以外，其余的经过溢流阀 7 流回油箱。

（3）手动换向阀 9 处于图 1-2（c）所示的状态，液压泵输出的油液经手动换向阀 9 流回油箱，这时工作台停止运动，液压系统处于卸荷状态。

对机床工作台的液压传动工作过程进行分析得出以下结论：

（1）液压传动是以液体作为工作介质来进行能量传递的一种传动形式，通过能量转换装置（液压泵），将原动机的机械能转变为液体的压力能，然后通过封闭管道、控制元件等，由另一能量装置（液压缸、液压马达）将液体的压力能转变为机械能，驱动负载实现执行机构的直线或旋转运动。

（2）工作介质是在受控制、受调节的状态下工作的，传动和控制难以分开。

（3）液压系统的压力是靠液压泵对液压油的推动与负载对油的阻尼所产生的。

（4）工作台运动方向由换向阀控制，工作台的速度大小由节流阀控制。

（5）泵输出的多余油液经溢流阀流回油箱，因此泵出口压力是由溢流阀决定的，液压传动过程中经过两次能量转换。

1.1.2　液压传动的系统组成

从以上两个液压系统可以看到，液压传动系统的组成部分有以下 5 个方面，如图 1-3 所示，其关系及各部分的功用如下：

1. 动力元件

动力元件将机械能转变成油液的压力能，是液压系统的心脏。最常见的动力元件是液压泵，它给液压系统提供压力油，使整个系统能够动作起来。

2. 执行元件

执行元件将油液的压力能转变成机械能，并对外做功，如液压缸、液压马达。

3. 控制元件

控制元件是控制和调节液压系统中油液的压力、流量和流动方向的装置，如换向阀、节流阀、溢流阀等。

4. 辅助元件

辅助元件是除上述三项以外的其他装置，如过滤器、油管、油箱、接头等。辅助元件保证系统稳定持久地工作。

5. 工作介质

工作介质是液压油或其他合成液体，是传递能量的媒介。

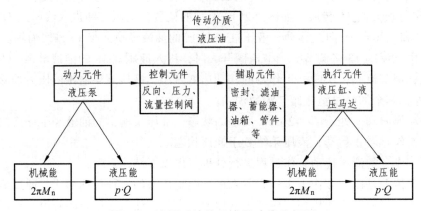

图 1-3　液压系统的组成及功能分析图

1.1.3　液压传动系统的图形符号

图 1-2 所示的液压系统图是一种半结构式的工作原理图。它直观性强，容易理解，但难于绘制。在实际工作中，除少数特殊情况外，一般都采用 GB/T 786.1—2009 所规定的液压与气动图形符号（参见附录）来绘制，如图 1-4 所示。使用图形符号既便于绘制，又可使液压系统简单明了。

说明：

（1）图形符号表示元件的功能。

（2）图形符号不表示元件的具体结构和参数。

（3）图形符号反映各元件在油路连接上的相互关系，不反映其空间安装位置。

（4）图形符号只反映静止位置或初始位置的工作状态，不反映其过渡过程。

1.2　液压传动的优缺点及应用和发展

1.2.1　液压传动的优缺点

液压传动与机械传动、电气传动、气压传动等相

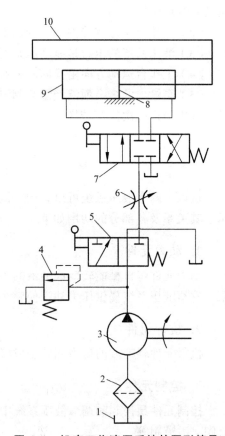

图 1-4　机床工作液压系统的图形符号

1—油箱；2—过滤器；3—液压泵；4—溢流阀；
5—手动换向阀；6—节流阀；7—换向阀；
8—活塞；9—液压缸；10—工作台

比较，具有以下优缺点：

1. 液压传动的优点

（1）在同等功率情况下，液压执行元件体积小、质量轻、结构紧凑。例如，同功率液压马达的质量只有电动机的1/6左右。

（2）液压传动的各种元件，可根据需要方便、灵活地来布置。

（3）液压装置工作比较平稳，由于质量轻、惯性小、反应快，液压装置易于实现快速启动、制动和频繁换向。

（4）操纵控制方便，可实现大范围的无级调速（调速范围达2 000∶1），它还可以在运行的过程中进行调速。

（5）一般采用矿物油为工作介质，相对运动面可自行润滑，使用寿命长。

（6）容易实现直线运动、回转运动。

（7）既易实现机械的自动化，又易实现过载保护，当采用电液联合控制甚至计算机控制后，可实现大负载、高精度、远程自动控制。

（8）液压元件实现了标准化、系列化、通用化，便于设计、制造和使用。

2. 液压传动的缺点

（1）液压传动不能保证严格的传动比，这是由于液压油的可压缩性和泄漏造成的。

（2）工作性能易受温度变化的影响，因此不宜在很高或很低的温度条件下工作。

（3）由于流体流动的阻力损失和泄漏较大，所以效率较低。如果处理不当，泄漏不仅污染场地，而且可能引起火灾和爆炸事故。

（4）为了减少泄漏，液压元件在制造精度上要求较高，因此它的造价高，且对油液的污染比较敏感。

（5）液压传动需要有单独的能源（如液压泵站），液压能不能像电能那样从远处传来。

（6）液压传动装置出现故障时不易追查原因，不易迅速排除。

总的来说，液压传动的优点突出，它的一些缺点现已大为改善，有的将随着科学技术的发展而进一步得到克服。

1.2.2　液压传动技术的发展概况

相对于机械传动来说，液压传动是一门新学科。从17世纪中叶帕斯卡提出静压传动原理，18世纪末英国制成第一台水压机算起，液压传动技术已有几百年的历史。只是由于早期技术水平和生产需求的不足，液压传动技术没有得到普遍应用。随着科学技术的不断发展，对传动技术的要求越来越高，液压传动技术得到了不断发展。特别是在第二次世界大战期间及战后，由于军事及建设需求的刺激，液压传动技术日趋成熟。

第二次世界大战成功地将液压传动装置用于舰艇炮塔转向器，其后出现了液压六角车床和磨床。第二次世界大战期间，随着功率大、反应快、动作准的液压传动和控制装置在兵器上的广泛应用，兵器的性能得到了很大的提高，同时也大大促进了液压技术的发展。第二次世界大战后，液压技术迅速转向民用，并随着各种标准的不断制定和完善及各类元件的标准化、规格化、系列化，使其在机械制造，工程机械、农业机械和汽车制造等行业中推广开来。近30年来，原子能技术、航空航天技术、控制技术、材料科学和微电子技术等学科的发展，再次使液压技术得到进一步发展，使它发展成为包括传动、控制、检测在内的一门完整的自动化技术，在国民经济的各个部门都得到了应用。如今采用液压传动的程度已成为衡量一个国家工业化程度的重要标志之一。

1.2.3　液压传动的应用及发展方向

1. 液压传动的广泛应用

在工业生产的各个部门应用液压传动技术的出发点不尽相同。例如，工程机械、矿山机械、压力机械和航空工业中采用液压传动的主要原因是其结构简单、体积小、质量轻、输出功率大；机床上采用液压传动是取其能在工作过程中方便地实现无级调速，易于实现频繁换向，易于实现自动化。表 1-1 是液压传动在各行业中的应用实例。

表 1-1　液压传动在各行业中的应用

行业名称	应用场合举例
机床工业	磨床、铣床、刨床、拉床、压力机、自动机床、组合机床、数控机床、加工中心等
工程机械	挖掘机、装载机、推土机等
汽车工业	自卸式汽车、平板车、高空作业车等
农业机械	联合收割机的控制系统、拖拉机的悬挂系统等
轻工机械	打包机、注塑机、校直机、橡胶硫化机、造纸机等
冶金机械	电炉控制系统、轧钢机控制系统等
起重运输机械	起重机、叉车、装卸机械、液压千斤顶等
矿山机械	开采机、提升机、液压支架、采煤机等
建筑机械	打桩机、平地机等
船舶港口机械	起货机、锚机、舵机等
铸造机械	砂型压实机、加料机、压铸机等

2. 液压传动的发展方向

（1）液压传动正向着高压、高速、大功率、高效、低噪声、经久耐用、高度集成化的方向发展。

（2）与计算机科学相结合。新型液压元件和液压系统的计算机辅助设计（CAD）、计算机辅助测试（CAT）、计算机直接控制（CDC）、计算机实时控制技术、机电一体化技术、计算机仿真技术和优化技术相结合。

（3）与其他相关科学结合。如污染控制技术和可靠性技术等方面也是当前液压技术发展和研究的方向。

（4）开辟新的应用领域。

1.3 液压油

液压油是液压传动系统中的传动介质，而且还对液压装置的机构、零件起润滑、冷却和防锈作用。液压传动系统的压力、温度和流速在很大范围内变化，因此液压油的质量优劣直接影响液压系统的工作性能。因此，合理地选用液压油也是很重要的。

1.3.1 液压油的性质

1. 密　度

单位体积液体的质量称为该液体的密度，用 ρ 表示，即

$$\rho = \frac{m}{V}(\text{kg}/\text{m}^3) \tag{1-1}$$

液体的密度随温度的升高而下降，随压力的增加而增大。对于液压传动中常用的液压油（矿物油）来说，在常用的温度和压力范围内，密度变化很小，可视为常数。在计算时，常取 15 ℃ 时的液压油密度 $\rho = 900 \text{ kg/m}^3$。

2. 可压缩性

液体受压力作用而发生体积减小的特性称为液体的可压缩性。一般中、低压液压系统，其液体的可压缩性很小，可认为液体是不可压缩的。只有在研究液压系统的动态特性和高压情况下，才考虑油液的可压缩性。但是，若液压油中混入空气，其可压缩性将显著增加，并将严重影响液压系统的工作性能，故在液压系统中应尽量减少油液中的空气含量。

3. 黏　性

（1）黏性的意义。

液体在外力作用下流动时，由于液体分子间的内聚力而产生一种阻碍液体分子之间进行相对运动的内摩擦力，液体的这种产生内摩擦力的性质称为液体的黏性。由于液体具有黏性，当流体发生剪切变形时，流体内就产生阻滞变形的内摩擦力，由此可见，黏性表征了流体抵抗剪切变形的能力。处于相对静止状态的流体中不存在剪切变形，因而也不存在变形的抵抗，只有当运动流体流层间发生相对运动时，流体对剪切变形的抵抗，也就是黏性才表现出来。黏性所起的作用为阻滞流体内部的相互滑动，在任何情况下它都只能延缓滑动的过程而不能消除这种滑动。液体的黏性示意图如图 1-5 所示。

内摩擦力表达式如下：

$$F = \mu A \frac{\mathrm{d}u}{\mathrm{d}y} \tag{1-2}$$

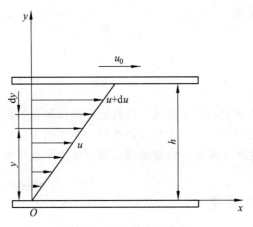

图 1-5 液体黏性示意图

牛顿液体内摩擦定律：液层间的内摩擦力 F 与液层接触面积 A 及液层之间的相对运动速度 $\mathrm{d}u$ 成正比，而与液层间的距离 $\mathrm{d}y$ 成反比。μ 是比例系数，也称为液体的黏性系数或动力黏度。

因为液体静止时，$\frac{\mathrm{d}u}{\mathrm{d}y} = 0$，所以液体在静止状态时不呈现黏性。

黏性的大小用黏度表示。黏度可分为绝对黏度和相对黏度，绝对黏度包括动力黏度和运动黏度。

$$\tau = \frac{F}{A} = \mu \frac{\mathrm{d}u}{\mathrm{d}y} \tag{1-3}$$

$$\mu = \tau \frac{\mathrm{d}y}{\mathrm{d}u} (\mathrm{N \cdot s/m^2}) \tag{1-4}$$

动力黏度是液体在单位速度梯度下流动时，接触液层间单位面积上的内摩擦力。

动力黏度单位，在国际单位（SI 制）中为帕秒（$\mathrm{Pa \cdot s}$）或牛顿秒每平方米（$\mathrm{N \cdot s/m^2}$）。

（2）运动黏度。

动力黏度 μ 与液体密度 ρ 的比值叫作运动黏度，用 ν 表示。

运动黏度没有明确的物理意义，其单位中只有长度和时间的量纲（$\mathrm{m^2/s}$），类似于运动学的量，故称为运动黏度。工程中常用运动黏度（ν）作为液体黏度的标志。液压油的牌号就是用液压油在 40 ℃时的运动黏度平均值来表示的。

运动黏度的法定计量单位（IS 制）为 $\mathrm{m^2/s}$；以前沿用的非法定计量单位（CGS 制）为 St（斯）、cSt（厘斯）。它们之间的换算关系为

$$1 \mathrm{m^2/s} = 10^4 \mathrm{St} = 10^6 \mathrm{cSt}$$

例如，牌号为 L-HL32 的液压油，指这种油在 40 ℃时的运动黏度平均值为 32 $\mathrm{mm^2/s}$。

（3）黏温特性和黏压特性。

黏度随着压力的变化而变化的特性叫作黏压特性。液体的压力增大时，分子间的距离

缩小，内聚力增大，其黏度值也随之增大。在一般情况下，压力对黏度的影响较小，可以不考虑。

　　黏度随着温度的变化而变化的特性叫作黏温特性。液体随温度升高时，分子间的内聚力减小，黏度就随之降低。液压油的黏度对温度的变化比较敏感，不同种类的液压油有不同的黏温特性，图1-6为典型液压油的黏温特性曲线。

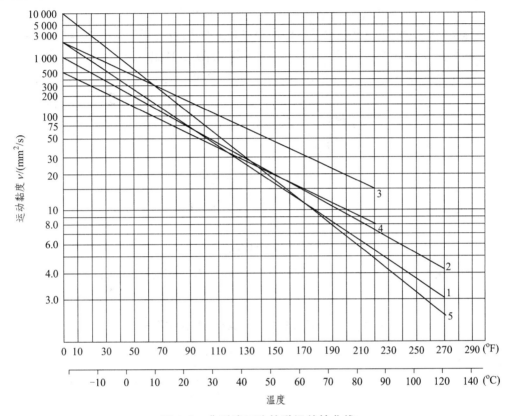

图1-6　典型液压油的黏温特性曲线

1—矿油型通用液压油；2—矿油型高黏度指数液压油；3—水包油乳化液；
4—水-乙二醇液；5—磷酸酯液

　　（4）可压缩性。

　　液体的可压缩性是指液体受压力作用而发生体积缩小的性质。体积为 V_0 的液体，当压力增大 Δp 时，体积减小 ΔV，液体在单位压力变化下的体积相对变化量，称为液体的压缩系数 k，则 $k = -\dfrac{1}{\Delta p}\dfrac{\Delta V}{V_0}$。

　　液体压缩系数 k 的倒数 K，称为液体的体积模量，即 $K = \dfrac{1}{k}$。

　　一般认为油液不可压缩（因压缩性很小），若分析动态特性或压力变化很大的高压系统时，则必须考虑可压缩性的影响。

　　（5）其他性质。

　　液压油的物理性质：润滑性（在金属摩擦表面形成牢固油膜的能力）、抗燃性、抗凝性、抗泡沫性、抗乳化性、凝点、闪点（明火能使油面上的油蒸气闪燃，但油本身不燃烧的温度）

和燃点（使油液能自行燃烧的温度）等。

液压油的化学性质：热稳定性、氧化稳定性、水解稳定性、相容性（对密封材料、涂料等非金属材料的化学作用程度，如不起作用或很少起作用则表示相容性好）和毒性等。

1.3.2　液压油的种类

国际标准化组织于 1999 年按照液压油的组成和主要特性编制了 ISO 6743-4—1999《润滑剂、工业润滑油和有关产品（L 类）的分类 —— 第 4 部分：H 组（液压系统）》。我国于 2003 年等效采用上述标准制定了国家标准 GB/T 7631.2—2003。液压油的牌号部分含义如图 1-7 所示。

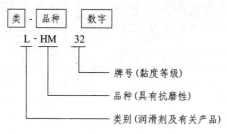

图 1-7　液压油的牌号含义

液压油一般有矿油型、合成型和乳化型三大类，其主要类型及其特性和用途如表 1-2 所示。

表 1-2　液压油的主要类型及其特性和用途

类型	名称	ISO 代号	特性和用途
矿油型	通用液压油	L-HL	精制矿油加添加剂，提高抗氧化和防锈性能，适用于室内一般设备的中低压系统
	抗磨型液压油	L-HM	L-HL 油加添加剂，改善抗磨性能，适用于工程机械、车辆液压系统
	低温液压油	L-HV	L-HV 可用于环境温度为 −40～−20 ℃ 的高压系统
	高黏度指数液压油	L-HR	L-HL 油加添加剂，改善黏温特性，VI 值达 175 以上，适用于对黏温特性有特殊要求的低压系统，如数控机床液压系统
	液压导轨油	H-HG	L-HM 油加添加剂，改善黏温特性，适用于机床中液压和导轨润滑合用的系统
	全耗系统用油	H-HH	浅度精制矿油，抗氧化性、抗泡沫性较差，主要用于机械润滑，可作液压代用油，用于要求不高的低压系统
	汽轮机油	L-TSA	深度精制矿油加添加剂，改善抗氧化性、抗泡沫性能，为汽轮机专用油，可作液压代用油，用于一般液压系统
乳化型	水包油乳化液	L-HFA	难燃，黏温特性好，有一定的防锈能力，润滑性差，易滑性差，易泄漏，适用于有抗燃要求的中压系统

续表

类型	名称	ISO 代号	特性和用途
乳化型	油包水乳化液	L-HFB	既具有矿油型油的抗磨、防锈性能，又具抗燃性，适用于有抗燃的中压系统
合成型	水-乙二醇液	L-HFC	难燃，黏温特性和抗腐蚀性好，能在 $-30 \sim -60\ ℃$ 温度下使用，适用于有抗燃要求的中低压系统
	磷酸酯液	L-HFDR	难燃，润滑抗磨性能和抗氧化性能良好，能在 $-54 \sim -135\ ℃$ 温度下使用，缺点是有毒，适用于有抗燃要求的高压精密系统

1.3.3　液压油的使用

液压系统对液压油的要求如下：

（1）合适的黏度和良好的黏温特性。一般液压系统所选用的液压油，其运动黏度大多为 $13 \sim 68\ mm^2/s$（$40\ ℃$ 温度下）。

（2）良好的化学稳定性，使用寿命长。

（3）良好的润滑性能，以减小元件中相对运动表面的磨损。

（4）质地纯净，不含或含有极少量的杂质、水分和水溶性酸碱等。

（5）对金属和密封件有良好的相容性。

（6）抗泡沫性好，抗乳化性好，腐蚀性小，抗锈性好。

（7）体积膨胀系数低，比热容高。

（8）凝点和流动点低，闪点和燃点高。

（9）对人体无害，对环境污染小，成本低。

1. 液压油的选择原则

选择液压油时，首先考虑其黏度是否满足要求，同时兼顾其他方面。选择时应考虑如下因素：

（1）液压泵的类型。

（2）液压系统的工作压力。

（3）运动速度。

（4）环境条件（包括温度、室内、露天、水下等）。

（5）防污染的要求。

（6）技术经济性（包括价格、使用寿命、维护保养的难易程度等）。

总之，选择液压油时，一是考虑液压油的品种，二是考虑液压油的黏度。

2. 品种和黏度的选用

首先根据工作条件（工作部件运动速度、工作压力、环境温度）和液压泵的类型选择液压油品种，然后选择液压油的黏度等级。一般来说，工作部件运动速度慢、工作压力高、环境温度高，宜用黏度较高的液压油（以降低泄漏）；工作部件运动速度快、工作压力低、环境温度低，宜用黏度较低的液压油（以降低功率损失）。通常根据液压泵的要求来确定液压油的黏度。表 1-3 列出了各种液压泵合适的用油黏度范围及推荐用油牌号。

表 1-3　液压泵用油的黏度范围及推荐牌号

名称	运动黏度/（mm²/s）		工作压力/MPa	工作温度/℃	推荐用油
	允许	最佳			
叶片泵	16～220	26～54	7	5～40	L-HH32，L-HH46
				40～80	L-HH46，L-HH68
			>14	5～40	L-HH32，L-HH46
				40～80	L-HH46，L-HH68
齿轮泵	4～220	25～54	<12.5	5～40	L-HH32，L-HH46
				40～80	L-HH46，L-HH68
			10～20	5～40	
				40～80	
			16～32	5～40	L-HH32，L-HH46
				40～80	L-HM46，L-HM68
径向柱塞泵	10～65	16～48	14～35	5～40	L-HH32，L-HM68
				40～80	L-HH46，L-HM68
轴向柱塞泵	4～76	16～47	>35	5～40	L-HH32，L-HM68
				40～80	L-HM68，L-HM100

3. 使　用

除了合理地选择液压油外，使用中还应注意以下问题：

（1）对长期使用的液压油，应使其长期处于低于它开始氧化的温度下工作。

（2）在储存、搬运及加注过程中，应防止液压油被污染。

（3）对液压油定期抽样检验，并建立定期换油制度。

（4）油箱的储油量应充分，以利于液压系统的散热。

（5）保持液压系统的密封良好，一旦有泄漏应立即排除。

4. 液压油的污染及其控制

液压油中的污染物来源包括液压装置组装时残留下来的污染物（如切屑、毛刺、型砂、磨粒、焊渣、铁锈等）、从周围环境混入的污染物（如空气、尘埃、水滴等）、在工作过程中产生的污染物（如金属微粒、锈斑、涂料剥离片、密封材料剥离片、水分、气泡以及液压油变质后的胶状生成物等）。

固体颗粒使元件加速磨损，寿命缩短，使泵性能下降，甚至使阀芯卡死，滤油器堵塞；水的浸入不仅会产生气蚀，而且还将加速液压油的氧化，并与添加剂起作用产生黏性胶质，堵塞滤油器；空气的混入将导致泵气蚀及执行元件低速爬行。

为了减少液压油的污染，可采取以下措施：

（1）液压元件在加工的每道工序后都应净化，装配后严格清洗。系统在组装前，油箱和管道必须清洗。用机械方法除去残渣和表面氧化物，然后进行酸洗。系统在组装后，用系统工作时使用的液压油（加热后）进行全面清洗并将清洗后的介质换掉。系统在冲洗时，应设置高效滤油器，并启动系统使元件动作，用铜锤敲打焊口和连接部位。

（2）在油箱呼吸孔上装设高效空气滤清器或采用隔离式油箱，防止尘土、磨料和冷却水的侵入。液压油必须通过滤油器注入系统。

（3）系统应设置过滤器，其过滤精度应根据系统的不同情况来选定。

（4）系统工作时，一般应将液压油的温度控制在 65 ℃ 以下。液压油温度过高会加速氧化，产生各种生成物。

（5）系统中的液压油应定期检查和更换，在注入新的液压油前，整个系统必须先清洗一次。

思考题

1. 何谓液压传动？液压传动的基本原理是什么？
2. 液压传动由哪几部分组成？各部分的作用是什么？
3. 液压传动的特点及应用是什么？
4. 什么是液体的黏性？液体黏度的主要分类有哪些？

单元 2 液压传动基本理论

2.1 液体静力学基础

液压传动是以液体作为工作介质进行能量传递的，因此要研究液体处于相对平衡状态下的力学规律及其实际应用。所谓相对平衡，是指液体内部各质点间没有相对运动，液体本身完全可以和容器一起如同刚体一样做各种运动。

2.1.1 压力及其表示

液体单位面积上所受的法向力，物理学中称压强，液压传动中习惯称压力，通常以 p 表示：

$$p = \frac{F}{A} \tag{2-1}$$

压力的法定单位为帕斯卡，简称帕，符号为 Pa，$1 \text{ Pa} = 1 \text{ N/m}^2$。工程上常用单位为兆帕（MPa），它们的换算关系是 $1 \text{ MPa} = 10^6 \text{ Pa}$。

压力的表示法有两种：绝对压为和相对压力，如图 2-1 所示，绝对压力是以绝对真空作为基准所表示的压力；相对压力是以大气压力作为基准所表示的压力。由于大多数测压仪表所测得的压力都是相对压力，故相对压力也称表压力。如果液体中某点处的绝对压力小于大气压，这时在这个点上的绝对压力比大气压小的那部分数值称为真空度。绝对压力、相对压力及真空度三间之间的关系如下：

绝对压力 ＝ 相对压力 ＋ 大气压力

真空度 ＝ 大气压力 － 绝对压力

相对压力 ＝ 绝对压力 － 大气压力

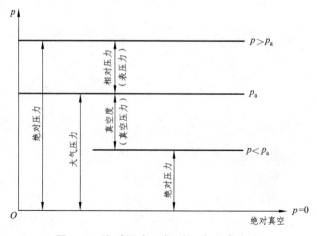

图 2-1 绝对压力、相对压力及真空度

液体的静压力具有以下两个重要特性：

（1）液体静压力的方向总是作用在内法线方向上。液体在静止状态下不呈现黏性，内部不存在切向剪应力而只有法向应力，垂直并指向承压表面。

（2）静止液体内任一点的液体静压力在各个方向上都相等。如果有一方向压力不等，液体就会流动。

2.1.2　液体静压力基本方程

在重力作用下静止液体的受力情况如图 2-2 所示。如要求液体离液面深度为 h 处的压力为 p，可以假想从液面往下切取一个高为 h、底面积为 A 的垂直小液柱。这个小液柱在重力 $G(G = mg = \rho Vg = \rho gh\Delta A)$ 及周围液体的压力作用下处于平衡状态。于是有 $p\Delta A = p_0\Delta A + \rho gh\Delta A$，即

$$p = p_0 + \rho gh \tag{2-2}$$

式（2-2）即为液体静压力的基本方程。在液压传动系统中，通常是外力产生的压力 P_0 要比液体自重所产生的压力 ρgh 大得多，因此，可把式中 ρgh 略去，而认为静止液体内部各点的压力处处相等。

由液体静压力基本方程可知，重力作用下的静止液体的压力分布特征如下：

（1）静止液体中任一点处的压力由两部分组成：液面压力 p_0 和液体自重所形成的压力 ρgh。

（2）静止液体内压力沿液体深度呈线性规律分布。

（3）离液面深度相同处各点的压力均相等，压力相等的点组成的面叫等压面。

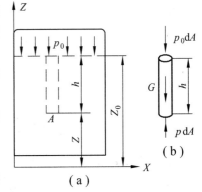

图 2-2　静压力的分布规律

例 2.1　如图 2-3 所示，容器内盛有油液。已知油的密度 $\rho = 900 \text{ kg/m}^3$，活塞上的作用力 $F = 1\,000 \text{ N}$，活塞的面积 $A = 1\times10^{-3} \text{ m}^2$。假设活塞的质量忽略不计，问活塞下方深度 $h = 0.5 \text{ m}$ 处的压力等于多少？

解： 活塞与液体接触面上的压力均匀分布，则

$$p_0 = \frac{F}{A} = \frac{1\,000}{1\times10^{-3}} = 1\times10^6 (\text{N/m}^2)$$

根据静压力的基本方程式（2-2），深度为 h 处的液体压力 p 为

$$p = p_0 + \rho gh = 1\times10^6 + 900\times9.8\times0.5 = 1.004\,4\times10^6 (\text{N/m}^2) \approx 10^6 (\text{Pa})$$

从例 2.1 可以看出：液压在受外界压力作用的情况下，液体自重所形成的压力 ρgh 相对甚小，在液压系统中常可忽略不计，因而可近似认为整个液体内部的压力是相等的。在分析液压系统的压力时，一般都采用这一结论。

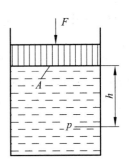

图 2-3　静止液体内的压力

2.1.3 静压传递原理

根据静压力基本方程，盛放在密闭容器内的液体，其外加压力发生变化时，只要液体仍保持其原来的静止状态不变，液体中任一点的压力均将发生同样大小的变化。

这就是说，在密闭容器内，施加于静止液体上的压力将以等值同时传到液体内各点。这就是静压传递原理或称帕斯卡原理。

例 2.2 如图 2-4 所示为相互连通的两个液压缸，已知大缸内径 $D = 300$ mm，小缸内径 $d = 30$ mm，大活塞上放一质量为 4 000 kg 的物体 G。计算在小活塞上所加的力 F 有多大才能使大活塞顶起重物。

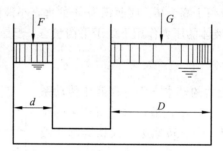

图 2-4 帕斯卡原理应用实例

解： 根据帕斯卡原理，由外力产生的压力在两个液压缸中应当相等，即

$$p = \frac{4F}{\pi d^2} = \frac{4G}{\pi D^2}$$

故小活塞上所加的力 F 为

$$F = \frac{d^2}{D^2} G = \frac{30^2}{300^2} \times 4\ 000 = 40(\text{kgf}) \approx 400(\text{N})$$

由例 2.2 可知，液压传动装置具有力的放大作用。

2.1.4 液体对壁面的作用力

具有一定压力的液体与固体壁面接触时，固体壁面将受到液体压力的作用。如果不计液体的自重对压力的影响，可以认为作用于固体壁面上的压力是均匀分布的。这样，固体壁面上液体作用力在某一方向上的分力等于液体压力与壁面该方向上的垂直面内投影面积的乘积。

当承受压力的表面为平面时，液体对该平面的总作用力 F 为液体的压力 p 与受压面积 A 的乘积，其方向与该平面相垂直。如图 2-5（a）所示，液压缸活塞直径为 D，面积为 A，则液压力作用在活塞上的力 F 为

$$F = pA = p \frac{\pi D^2}{4} \tag{2-3}$$

当承受压力的表面为曲面时，如图 2-5（b）和图 2-5（c）所示的球面和锥面，液体对曲面在某一方向上所受的作用力 F 等于液体压力 p 与曲面在该方向的垂直投影面积 A 的乘积，即

$$F = pA = p\frac{\pi d^2}{4} \tag{2-4}$$

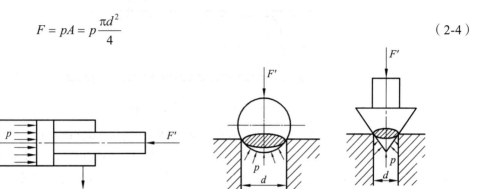

（a）　　　　　　　　（b）　　　　　　（c）

图 2-5　液体压力作用在壁面上的力

2.2　液体动力学基础

2.2.1　基本概念

（1）理想液体和稳定流动。

通常把既无黏性又不可压缩的液体称为理想液体，而把事实上既有黏性又可压缩的液体称为实际液体。

液体流动时，若液体中任何一点的压力、流速和密度都不随时间而变化，这种流动称为稳定流动；反之，只要压力、速度或密度中有一个随时间变化，则称为非稳定流动。

（2）通流截面、流量和平均流速。

液体在管道内流动，表示某一瞬时液流中各处质点运动状态的一条条曲线称为流线，通过某一截面上各点流线的集合称为流束，垂直于液体流动方向的截面称为通流截面（也称过流截面）。

单位时间内流过某通流截面的液体体积称为流量。若在时间 t 内流过的液体体积为 V，则流量为

$$q = \frac{V}{t} \tag{2-5}$$

式中　q ——流量，L/min、cm³/s 或 m³/s。

它们的换算关系是 $1\ \text{m}^3/\text{s} = 10^6\ \text{cm}^3/\text{s} = 6 \times 10^4\ \text{L/min}$。

图 2-6 所示为液体在一直管内流动，设管道的通流截面面积为 A，流过截面 Ⅰ—Ⅰ 的液体经过时间 t 后到达截面 Ⅱ—Ⅱ 处，所流过的距离为 l，则流过的液体的体积为 $V = Al$，因此流量为

$$q = \frac{V}{t} = \frac{Al}{t} = Av \tag{2-6}$$

式中　v ——液体在通流截面上的平均流速，而不是实际流速。

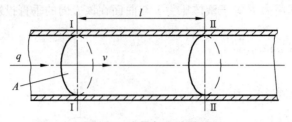

图 2-6　流量与平均流速

由于液体存在黏性，致使同一通流截面上各液体质点的实际流速分布不均匀，越靠近管道中心，流速越大。因此，在进行液压计算时，实际流速不便使用，需要使用平均流速。平均流速是一种假想的均布流速，以此流速流过的流量和实际流速流过的流量应该相等。

在液压缸中，液体的平均流速与活塞的运动速度相同，如图 2-7 所示，因此也存在如下关系：

$$v = \frac{q}{A} \qquad\qquad (2\text{-}7)$$

由式（2-7）可知，当液压缸的活塞有效面积 A 一定时，活塞运动速度 v 的大小由输入液压缸的流量 q 来决定。

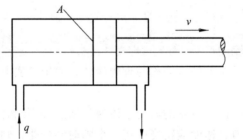

图 2-7　活塞运动速度与流量的关系

2.2.2　液体流动的连续性方程

连续性方程是质量守恒定律在流体力学中的一种表达形式。

在一般情况下，可认为液体是不可压缩的。当液体在管道内做稳定流动时，根据质量守恒定律，管道内液体的质量不会增多也不会减少，所以在单位时间内流过每一通流截面的液体质量必然相等。

如图 2-8 所示，管道内的两个通流面积分别为 A_1 和 A_2。液流的平均流速分别为 v_1 和 v_2，液体的密度为 ρ，则有 $\rho v_1 A_1 = \rho v_1 A_2 = $ 常量，即

$$v_1 A_1 = v_1 A_2 = q \quad \text{或} \quad \frac{v_1}{v_2} = \frac{A_2}{A_1} \qquad\qquad (2\text{-}8)$$

式（2-8）就是液流的连续性方程。它说明液体在管道中流动时，流过各个截面的流量是相等的（即流量是连续的），因而流速和通流截面面积成反比。

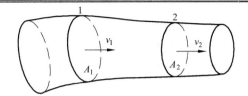

图 2-8　液流的连续性原理

2.2.3　伯努利方程

伯努利方程是能量守恒定律在流体力学中的一种表达形式。

流动的液体不仅具有压力能和位能，而且由于它有一定的流速，因而还具有动能。在没有黏性和不可压缩的理想状态下，在管道内做稳定流动时，根据能量守恒定律可得

$$\frac{p}{\rho g} + \frac{v^2}{2g} + h = 常数 \qquad (2\text{-}9)$$

式中　p ——压力，Pa；

　　　ρ ——密度，kg/m^3；

　　　v ——流速，m/s；

　　　g ——重力加速度，m/s^2；

　　　h ——液位高度，m。

式（2-9）称为理想液体伯努利方程。

如图 2-9 所示，实际液体在管道内流动时，由于液体黏性而存在内摩擦力作用，消耗能量。同时，管道的尺寸和局部形状骤然变化对液流产生干扰，也会有能量消耗。因此，实际液体流动时存在能量损失，根据能量守恒定律得

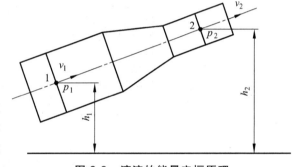

图 2-9　液流的能量守恒原理

$$\frac{p_1}{\rho g} + \frac{v_1^2}{2g} + h_1 = \frac{p_2}{\rho g} + \frac{v_2^2}{2g} + h_2 + \sum H_v \qquad (2\text{-}10)$$

式中　$\sum H_v$ ——单位体积液体在管道内流动时的能量损失，m。

式（2-10）是实际液体的伯努利方程。

伯努利方程的物理意义：在管道内做稳定流动的理想液体的压力能、位能和动能 3 种形式的能量，在任一截面上可以互相转换，但其总和恒为定值。实际液体的流动还要考虑其能量损失。

伯努利方程揭示了液体流动过程中的能量变化规律，是流体力学中的一个特别重要的基本方程。它不仅是进行液压系统分析的理论基础，还可用来对多种液压问题进行研究。

2.2.4　动量方程

动量方程是动量定理在流体力学中的具体应用。它反映的是液体运动时动量的变化与作用在液体上的外力之间的关系。忽略液体的可压缩性，稳定流动的液体的动量方程为

$$\sum F = \rho q(v_2 - v_1) \tag{2-11}$$

式中　$\sum F$ ——液体所受的外力的矢量和；

　　　v_1、v_2 ——液流在前后两个过流截面上的平均流速矢量；

　　　ρ ——液体的密度；

　　　q ——液体的流量。

式（2-11）为矢量方程，使用时应根据具体情况将式中的各个矢量分解为某一指定方向的投影值，然后再列出该方向的动量方程。如在 x 指定方向的动量方程式为

$$\sum F_x = \rho q(v_{2x} - v_{1x}) \tag{2-12}$$

实际问题中往往要求液流对通道固体壁面的作用力，即动量方程中 $\sum F$ 的反作用力 F'，通常称为稳态液动力。在 x 指定方向的稳态液动力计算公式为

$$F'_x = -\sum F_x = -\rho q(v_{2x} - v_{1x}) \tag{2-13}$$

例 2.3　求图 2-10 中阀芯所受的 x 方向的稳态液动力。

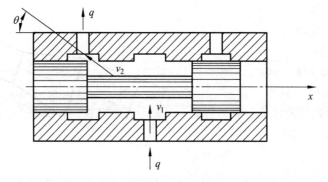

图 2-10　阀芯上的稳态液动力

解： 取进、出油口之间的液体为研究体，由动量方程，阀芯所受的 x 方向的稳态液动力为

$$F'_x = \rho q[v_1 \cos 90° - (-v_2 \cos \theta)] = \rho q v_2 \cos \theta$$

如果液流反方向通过该阀。同理可得相同的结果，即稳态液动力均为正值，方向都向右，它总是企图关闭阀口。

2.3　液流的压力损失

2.3.1　液体的流态和雷诺数

液体的流动状态（流态）有两种基本形式：层流和紊流。层流时，液体质点沿管道做直线运动而没有横向运动，即液体做分层流动，各层间的液体互不混杂；紊流时，液体质点的运动杂乱无序，除沿管道轴线运动外，还有横向运动等复杂状态的运动。

液体的流态的判别依据是雷诺数，雷诺数用 Re 表示：

$$Re = vd / v \tag{2-14}$$

式中　v —— 液体在管中的平均流速；

　　　d —— 管道的内径；

　　　v —— 液体的运动黏度。

管道中的液体的流态随雷诺数的不同而改变。液流由层流转变为紊流时的雷诺数与由紊流转变为层流时的雷诺数是不同的。一般都用后者作为判别液流状态的依据，称为临界雷诺数，用 Re_c 表示。在判别流态时，应先求出具体情况下液体流动的雷诺数 Re，再以 Re 与 Re_c 相比较。

当 $Re < Re_c$ 时，流态为层流；当 $Re > Re_c$ 时，流态为紊流。常见液流管道的临界雷诺数 Re_c 如表 2-1 所示。

表 2-1　常见液流管道的临界雷诺数 Re_c

管道的形状	Re_c	管道的形状	Re_c
光滑金属圆管	2 320	带环槽的同心环状缝隙	700
橡胶软管	1 600 ~ 2 000	带环槽的偏心环状缝隙	400
光滑的同心环状缝隙	1 100	圆柱形滑阀阀口	260
光滑的偏心环状缝隙	1 000	锥阀阀口	20 ~ 100

雷诺数的物理意义：雷诺数是液流的惯性力对黏性力的无因次比。当雷诺数较大时，说明惯性力起主导作用，这时液体处于紊流状态；当雷诺数较小时，说明黏性力起主导作用，这时液体处于层流状态。

液体在管道中流动时，若为层流，则其能量损失较小；若为紊流，则其能量损失较大。

2.3.2　液流的压力损失

实际液体在管道中流动时，因其具有黏性而产生摩擦力，故有能量损失。另外，液体在流动时会因管道尺寸或形状变化而产生撞击和出现漩涡，也会造成能量损失。在液压管路中能量损失表现为液体的压力损失，这样的压力损失可分为两种：一种是沿程压力损失；另一种是局部压力损失。

（1）沿程压力损失。

液体在等截面直管中流动时因黏性摩擦而产生的压力损失，称为沿程压力损失。液体的流动状态不同，所产生的沿程压力损失值也不同。

管道中流动的液体为层流时，液体质点在做有规则的流动，因此可以用数学工具全面探讨其流动时各参数变化间的相互关系，并推导出沿程压力损失的计算公式。经理论推导和实验证明，沿程压力损失 Δp_λ 可用以下公式计算：

$$\Delta p_\lambda = \lambda \frac{l}{d} \frac{\rho v^2}{2} \tag{2-15}$$

式中　λ —— 沿程阻力系数；

l ——油管长度，m；

d ——油管内径，m；

ρ ——液体的密度，kg/m^3；

v ——液流的平均流速，m/s。

对于圆管层流，其理论值 $\lambda = 64 / Re$，考虑到实际圆管截面有变形，以及靠近管壁处的液层可能冷却，阻力略有加大。实际计算时，对于金属管应取 $\lambda = 75 / Re$，对于橡胶管应取 $\lambda = 80 / Re$。

紊流时，计算沿程压力损失的公式在形式上与层流时的计算公式相同，但式中的阻力系数 λ 除与雷诺数有关外，还与管壁的粗糙度有关，$\lambda = 0.316\ 4Re^{-0.25}$；对于粗糙管，$\lambda$ 的值要根据不同的 Re 值和管壁的粗糙程度，从有关资料的关系曲线中查取。

（2）局部压力损失。

液体流经管道的弯头、接头、突变截面以及过滤器等局部装置时，会使液流的方向和大小发生剧烈的变化，形成漩涡、脱流，使液体质点产生相互撞击而造成能量损失，这种能量损失表现为局部压力损失。由于其流动状况极为复杂，影响因素较多，局部压力损失值不易从理论上进行分析计算。因此，一般先用实验来确定局部压力损失的阻力系数，再按公式计算局部压力损失值。局部压力损失 Δp_{ξ} 的计算公式为

$$\Delta p_{\xi} = \xi \frac{\rho v^2}{2} \tag{2-16}$$

式中 ξ ——局部阻力系数，由实验求得，各种局部结构的 ξ 值可查有关手册；

v ——液流在该局部结构处的平均流速。

对于液流通过各种标准液压元件的局部损失，可从产品技术文件中查得额定流量为 q_n 时的压力损失 Δp_n，若实际流量与额定流量不一致，可按下式计算：

$$\Delta p = \left(\frac{q}{q_n} \right) \Delta p_n \tag{2-17}$$

式中 q ——通过该阀的实际流量。

（3）总的压力损失。

液压系统的管路通常由若干段管道和一些弯头、控制阀和管接头等组成，因此管路系统总的压力损失等于所有直管中的沿程压力损失及局部压力损失之和，即

$$\Delta p = \sum \Delta p_{\lambda} + \sum \Delta p_{\xi} = \sum \lambda \frac{l}{d} \frac{\rho v^2}{2} + \sum \xi \frac{\rho v^2}{2} \tag{2-18}$$

在设计液压系统时，必须考虑到油液在系统中流动时产生的压力损失，这关系到系统所需要的供油压力、允许流速、管道的尺寸和布置等。管路中的压力损失将导致传动效率降低，油温升高，泄漏增加。管路设计时，应尽量缩短管道长度，避免不必要的弯头和管道截面突变，以减少压力损失。液体的流速应有一定的限制。

由于零件结构和制造精度不同，准确地计算出总的压力损失是比较困难的。由于压力损失的存在，因此，泵的额定压力要略大于系统工作时所需要的最大工作压力。一般可将系统工作所需的工作压力乘以一个 1.3 ~ 1.5 的系数来估算。

减小压力损失的主要措施如下：

① 尽量减小管路的长度和管路的突变。

② 提高液压元件的加工质量，力求管壁光滑。

③ 增加通流面积，减小液压油的流速。流速对压力损失的影响最大，当流速过高时，将会增大压力损失；而当流速过低时，液压管件的尺寸增大，成本也将提高。所以，一般有推荐流速可供参考，见有关手册。

2.4 小孔和缝隙的流量

小孔和缝隙的流量在液压技术中占有很重要的地位，它涉及液压元件的密封性和系统的容积效率，更为重要的是它是设计计算的基础，节流阀就是利用小孔来控制流量的。

2.4.1 小孔的流量

液体流经的小孔可分为 3 种：薄壁小孔、细长孔和短孔。薄壁小孔是指长径比 $l/d \leqslant 0.5$ 的小孔，它在管道中对油液起节流作用，油液流经薄壁小孔时多为紊流；细长孔是指长径比 $l/d \geqslant 4$ 的小孔，阻尼孔即属于细长孔；短孔介于薄壁小孔与细长孔之间。

图 2-11 所示为薄壁小孔的液流。由于惯性作用，液流通过小孔时要发生收缩，在靠近孔口的后方出现收缩最大的过流断面 Ⅱ—Ⅱ。对于薄壁小孔，孔前通道直径为 d_1，小孔直径为 d，当油液以压力 p_1 流过时，压力降为 p_2，薄壁小孔的流量公式为

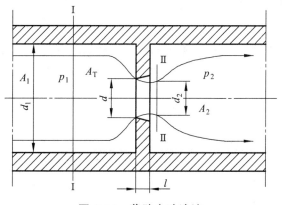

图 2-11 薄壁小孔液流

$$q = A_2 v_2 = C_q A_T \sqrt{\Delta P \frac{2}{\rho}} \qquad (2\text{-}19)$$

式中 C_q ——流量系数，可由实验确定，当液流完全收缩（$d_1/d \geqslant 7$）时，$C_q = 0.6 \sim 0.62$；当液流不完全收缩（$d_1/d < 7$）时，$C_q = 0.7 \sim 0.8$；

A_T ——小孔过流断面的面积，$A_T = \pi d^2 / 4$；

Δp ——小孔前后的压力差，$\Delta p = p_1 - p_2$；

ρ —— 油液的密度。

薄壁小孔由于流程很短，流量对油温的变化不敏感，因此流量稳定，宜用于节流元件。但薄壁小孔加工困难，实际应用较多的是短孔。短孔的流量公式依然是式（2-19），但是流量系数一般为 $C_q = 0.82$。

当油温变化时，油液的黏度变化，因而流量也随着发生变化。

这些是和薄壁小孔的特性不同的，细长孔的流量公式为

$$q = \frac{\pi d^4}{128 \mu l} \Delta p$$

纵观以上小孔流量公式，可以归纳出一个通用公式：

$$q = CA_T \Delta p^\varphi \tag{2-20}$$

式中　C —— 系数，由小孔的形状、尺寸和液体性质决定，对于细长孔，$C = d^2/(32 \mu l)$；对于薄壁小孔和短孔，$C = C_q \sqrt{2/\rho}$；

　　　φ —— 小孔的长径比决定的指数，对于薄壁小孔，$\varphi = 0.5$；对于细长孔，$\varphi = 1$。

小孔流量通用公式（2-20）常用作分析小孔的流量压力特性。

2.4.2　缝隙的流量

液压元件中常见的缝隙形式有两种：一是由两个平行平面所形成的平板缝隙；二是由两个内外圆柱表面所形成的环状缝隙。油液经过这些缝隙的流量，实际上就是泄漏量。

（1）平行平板缝隙的流量。

① 固定平行平板缝隙的流量。

图 2-12 所示为两固定平行平板缝隙中的液流，缝隙高度为 δ，长度为 l，宽度为 b，b 和 l 一般比 δ 大得多。经理论推导可以得出，液体流经固定平行平板缝隙的流量为

$$q = \frac{\delta^3 b}{12 \mu l} \Delta p \tag{2-21}$$

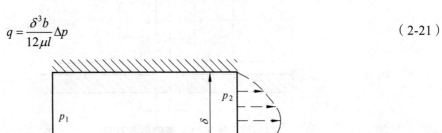

图 2-12　固定平行平板缝隙中的液流图

由式（2-21）可知，在压差作用下，液体流经固定平行平面缝隙的流量 q 与缝隙高度 δ 的三次方成正比，与黏度 μ 成反比。这说明液压元件内的缝隙的大小对其泄漏量的影响是很

大的。因此，在采用间隙密封的地方，应尽量减小间隙量，并适当提高油液的黏度，以便减小液压油的泄漏。

② 相对运动平行平板缝隙的流量。

图 2-13 所示为相对运动的两平行平板间的液流，若一个平板以一定速度 v 相对于另一固定平板运动，则通过该缝隙的流量（剪切流量）为

$$q = \frac{v}{2}b\delta \tag{2-22}$$

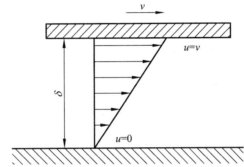

图 2-13　相对运动的两平行平板缝隙间的液流

在压差作用下，液体流经相对运动平行平板缝隙的流量，应为压差流动和剪切流动两种流量的叠加，即

$$q = \frac{\delta^3 b}{12\mu l}\Delta p \pm \frac{v}{2}b\delta \tag{2-23}$$

式（2-23）中，平板运动速度与压差作用下液体流向相同时，取"+"；反之取"−"。

（2）环形缝隙的流量。

图 2-14 所示为长度为 l 的偏心环形缝隙，其偏心距为 e、大圆直径为 D、小圆直径为 d、内外环的相对运动速度为 v。经理论推导可以得出，具有相对运动速度的环形缝隙的流量为

$$q = \frac{\pi d\delta^3 b\Delta p}{12\mu l}(1+1.5\varepsilon^2) \pm \frac{\pi d\delta v}{2} \tag{2-24}$$

式中　ε ——相对偏心率，$\varepsilon = e/\delta$；

　　　δ ——无偏心时环形缝隙高度。

如果内外环间无相对运动，则环形缝隙的流量为

$$q = \frac{\pi d\delta^3 b\Delta p}{12\mu l}(1+1.5\varepsilon^2) \tag{2-25}$$

图 2-14　偏心环形
缝隙间的液流

由式（2-25）可看出，当 $e = 0$ 时，两圆环同心，可得到同心环形缝隙的流量；当 $e = \delta$ 时，完全偏心，理论上此时的泄漏量为同心时的 2.5 倍。故在液压元件中，柱塞阀芯上都开有平衡槽，以使相互配合的零件尽量处于同心，减少泄漏量。

2.5 气穴现象和液压冲击

2.5.1 气穴现象

在流动的液体中，因某点处的压力低于空气分离压而产生气泡的现象，称为气穴现象。在一定的温度下，如压力降低到某一值时，过饱和的空气将从油液中分离出来形成气泡，这一压力值称为该温度下的空气分离压。当液压油在某温度下的压力低于某一数值时，油液本身迅速汽化，产生大量蒸气气泡，这时的压力称为液压油在该温度下的饱和蒸气压。一般来说，液压油的饱和蒸气压相当小，比空气分离压小得多，因此，要使液压油不产生大量气泡，它的压力最低不得低于液压油所在温度下的空气分离压。

节流口处，液压泵吸油管直径太小、吸油阻力太大、液压泵转速过高时，由于吸油腔压力低于空气分离压而产生气穴现象。

形成气泡的危害主要有以下几方面：这些气泡随着液流流到下游压力较高的部位时，会因承受不了高压而破灭，产生局部的液压冲击，发出噪声并引起振动；当附着在金属表面上的气泡破灭时，它所产生的局部高温和高压会使金属剥落，使表面粗糙，或出现海绵状的小洞穴。这种固体壁面的腐蚀、剥蚀的现象称为气蚀。

在液压系统中的任何地方，只要压力低于空气分离压，就会发生气穴现象。为了防止气穴现象的产生，就要防止液压系统中的压力过度降低，具体措施如下：

① 减小流经节流小孔前后的压力差，一般希望小孔前后压力比小于 3.5。

② 正确设计液压泵的结构参数，适当加大吸油管内径。

③ 提高零件的抗气蚀能力，增加零件的机械强度，采用抗腐蚀能力强的金属材料，减小零件的表面粗糙度等。

2.5.2 液压冲击

在液压系统中，由于某种原因液体压力在一瞬间会突然升高，产生很高的压力峰值，这种现象称为液压冲击。

（1）液压冲击产生的原因。

当阀门瞬间关闭时，管道中便产生液压冲击。液压冲击的实质主要是管道中的液体因突然停止运动，而导致动能向压力能的瞬时转变。

另外，液压系统中运动着的工作部件突然制动或换向时，由于工作部件的动能将引起液压执行元件的回油腔和管路内的油液产生液压激振，导致液压冲击。液压系统中某些元件的动作不够灵敏，也会产生液压冲击。如系统压力突然升高，但溢流阀反应迟钝而不能迅速打开时，便产生压力超调，形成液压冲击。

（2）减小液压冲击的措施。

由以上分析可知，减小液压冲击可采取以下措施：

① 使直接冲击变为间接冲击，可用减慢阀的关闭速度和减小冲击波传递距离来实现。

② 限制管道中油液的流速 v。

③ 用橡胶软管或在冲击源处设置蓄能器，以吸收液压冲击的能量。

④ 在容易出现液压冲击的地方，安装限制压力升高的安全阀。

思考题

1. 压力有哪几种表示方法？静止液体内的压力是如何传递的？

2. 当液压系统中液压缸的有效面积一定时，其工作压力和活塞的运动速度的大小各取决于什么？

3. 管道中的压力损失有哪几种？对各种压力损失影响最大的因素是什么？

4. 液压冲击是怎样产生的？如何避免和减小液压冲击？

模块 2　液压元件

单元 3　液压泵

3.1　液压泵概论

在液压系统的入口和出口都有能量转换元件，以完成机械能和压力能之间的转换。在入口的能量转换元件为动力元件，如液压泵。动力元件由电动机驱动，把输入的机械能转换成油液的压力能输入到系统中去，为系统的工作提供动力。在出口的能量转换元件为执行元件，如液压马达或液压缸。执行元件是将液压能转换为机械能对外做功，其中液压马达输出为旋转运动，液压缸一般输出为直线运动。

液压泵是一种将机械能转换为液压能的能量转换装置。它为液压系统提供具有一定压力和流量的液体，是液压系统的一个重要组成部分。液压泵性能的好坏直接影响液压泵系统工作的可靠性和稳定性。

3.1.1　液压泵的工作原理

液压泵是一种能量转换装置，把电动机的旋转机械能转换为液压能输出。

液压泵都是依靠密封容积变化的原理来进行工作的，故一般称为容积式液压泵。非容积式液压泵主要是指离心泵，产生的压力一般不高。

液压泵的工作原理如图 3-1 所示，柱塞 2 装在泵体 3 中形成一个密封容积 a，柱塞在弹

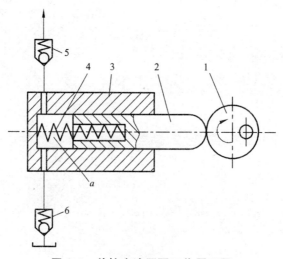

图 3-1　单柱塞液压泵工作原理图

1—偏心轮；2—柱塞；3—泵体；4—弹簧；5、6—单向阀

簧 4 的作用下始终压紧在偏心轮 1 上。原动机驱动偏心轮 1 旋转使柱塞 2 做往复运动，使密封容积 a 的大小发生周期性的交替变化。当 a 由小变大时，就形成部分真空，使油箱中油液在大气压作用下，经吸油管顶开单向阀 6 进入油腔 a 而实现吸油；反之，当 a 由大变小时，a 腔中吸满的油液将顶开单向阀 5 流入系统而实现压油。这样液压泵就将原动机输入的机械能转换成液体的压力能，原动机驱动偏心轮不断旋转，液压泵就不断地吸油和压油。

1. 液压泵的工作条件

构成液压泵的基本条件包括以下几个方面：
（1）具有密封的工作腔。
（2）密封工作腔容积大小交替变化，变大时与吸油口相通，变小时与压油口相通。
（3）吸油口和压油口不能连通。

2. 液压泵的特点

（1）具有若干个密封且又可以周期性变化的空间。
（2）油箱内液体的绝对压力必须恒等于或大于大气压力。
（3）具有相应的配流机构，将吸液箱和排液箱隔开，保证液压泵有规律地连续吸、排液体。吸油时，单向阀 5 关闭，单向阀 6 开启；压油时，单向阀 5 开启，单向阀 6 关闭。

3. 液压泵的图形符号

液压泵的种类很多，目前最常用的有齿轮泵、叶片泵、柱塞泵等。按泵的输油方向能否改变可分为单向泵和双向泵；按其输出的流量能否调节可分为定量泵和变量泵；按额定压力的高低又可分为低压泵、中压泵和高压泵三类。液压的图形符号如表 3-1 所示。

表 3-1 液压泵的图形符号

名称	特 性				
	单向定量泵	双向定量泵	单向变量泵	双向变量泵	并联单向定量泵
液压泵					

3.1.2 液压泵的主要性能参数

液压泵的性能参数主要是指液压泵的压力、流量、排量、功率和效率等。

1. 液压泵的压力（MPa）

（1）工作压力 p：液压泵工作时实际输出的压力。其大小取决于负载的大小和管路的压力损失，与液压泵的流量无关。
（2）额定压力 p_n：正常工作条件下按实验标准连续运转的最高压力。额定压力即是在产品出厂时的铭牌压力。

（3）最高允许压力 p_{max}：液压泵在短时间内超载时所允许的最高压力。

由于液压传动的用途不同，系统所需要的压力也不相等，液压泵的压力分为几个等级，如表 3-2 所示。

表 3-2　压力等级

压力等级	低压	中压	中高压	高压	超高压
压力/MPa	≤2.5	>2.5～8	>8～16	>16～32	>32

2. 液压泵的排量（mL/r）

在没有泄漏的情况下，液压泵主轴转过一圈所排出的液体体积称为液压泵的排量 V，其大小只与液压泵的几何尺寸有关。

3. 液压泵的流量（m^3/s 或 L/min）

（1）液压泵的理论流量 q_t：在没有泄漏的情况下，液压泵单位时间内所输出液体的体积。其大小取决液压泵的排量 V 和液压泵的转速 n 的乘积。

$$q_t = Vn \tag{3-1}$$

式中　V ——液压泵的排量，m^3/r；

　　　n ——液压泵的转速，r/s。

（2）液压泵的实际流量 q：液压泵在单位时间内实际输出的液体体积。由于液压泵运转时存在泄漏，所以其实际流量总是小于理论流量。

$$q = q_t - \Delta q \tag{3-2}$$

（3）液压泵的额定流量 q_n：液压泵在额定压力下输出的实际流量。其数值是按试验标准规定在出厂前必须达到的铭牌流量，是最小的实际流量。

4. 液压泵的功率（W）

（1）液压泵的输入功率 P_i：液压泵的理论输入功率即驱动液压泵泵轴的驱动功率，若液压泵的输入转矩为 T_i，泵轴转速为 n，其值为

$$P_i = 2\pi n T_i \tag{3-3}$$

（2）液压泵的输出功率 P：液压泵的输出功率 P 与输出流量 q（实际流量）和压力 p 成正比，即

$$P = pq \tag{3-4}$$

5. 功率和效率

（1）液压泵的功率损失。

液压泵的功率损失有容积损失和机械损失两部分。

① 容积损失。

容积损失是指液压泵流量上的损失。液压泵的实际输出流量总是小于其理论流量，其主要原因是由于液压泵的内部高压腔的泄漏、油液的压缩以及在吸油过程中由于吸油阻力过大、油液黏度大和液压泵转速高等原因导致油液不能全部充满密封工作腔。液压泵的容积损失用容积效率来表示，它等于液压泵的实际输出流量 q 与其理论流量 q_t 之比，即

$$\eta_v = \frac{q}{q_t} = \frac{q_t - \Delta q}{q_t} = 1 - \frac{\Delta q}{q_t} \tag{3-5}$$

因此，液压泵的实际输出流量 q 为

$$q = q_t \eta_v \tag{3-6}$$

式中　　η_v——液压泵的容积效率；

　　　　Δq——泄漏量。

液压泵的容积效率随着液压泵工作压力的增大而减小，且随液压泵的结构类型不同而有所差异，但恒小于 1。

② 机械损失。

机械损失是指液压泵在转矩上的损失。液压泵的实际输入功率总是大于理论上所需要的功率 P_0，其主要原因是由于液压泵体内相对运动部件之间因机械摩擦而引起的摩擦转矩损失，以及因液体的黏性而引起的摩擦损失。液压泵的机械损失用机械效率表示，它等于液压泵的理论转矩 T_t 与实际输入转矩 T_i 之比，若设转矩损失为 ΔT，则液压泵的机械效率为

$$\eta_m = \frac{T_t}{T_i} = \frac{1}{1 + \dfrac{\Delta T}{T_t}} \tag{3-7}$$

（2）液压泵的总效率。

液压泵的总效率是指液压泵的实际输出功率与其输入功率的比值，等于其容积效率与机械效率的乘积，即

$$\eta = \frac{P_o}{P_i} = \eta_v \eta_m \tag{3-8}$$

例 3.1　某液压系统，泵的排量 $V = 10$ mL/r，电机转速 $n = 1\,200$ r/min，泵的输出压力 $p = 5$ MPa，泵的容积效率 $\eta_v = 0.92$，总效率 $\eta = 0.84$，求：

（1）泵的理论流量。

（2）泵的实际流量。

（3）泵的输出功率。

（4）驱动电机功率。

解：

（1）泵的理论流量：

$$q_t = Vn = 10 \times 1\,200 \times 10^{-3} = 12 \text{ (L/min)}$$

（2）泵的实际流量：

$$q = q_t \eta_v = 12 \times 0.92 = 11.04 \ (\text{L/min})$$

（3）泵的输出功率：

$$P = pq = \frac{5 \times 10^6 \times 11.04 \times 10^{-3}}{60} = 0.9 \ (\text{kW})$$

（4）驱动电机功率：

$$P_i = \frac{P}{\eta} = \frac{0.9}{0.84} = 1.07 \ (\text{kW})$$

3.2　齿轮泵

齿轮泵是一种常用的液压泵，它的主要特点是结构简单，制造方便，价格低廉，体积小，质量轻，自吸性能好，对油液污染不敏感，工作可靠；其主要缺点是流量和压力脉动大，噪声大，排量不可调。齿轮泵被广泛应用于采矿设备、冶金设备、建筑机械、工程机械、农林机械等各个行业。

齿轮泵按照其啮合形式的不同，分为外啮合和内啮合两种，其中外啮合齿轮泵应用较广，而内啮合齿轮泵则多为辅助泵，下面分别进行介绍。

3.2.1　外啮合齿轮泵的工作原理

外啮合齿轮泵的工作原理如图 3-2 所示，泵主要由主、从动齿轮，驱动轴，泵体及侧板等主要零件组成。泵体内相互啮合的主、从动齿轮两端端盖和泵体一起构成密封容积，同时齿轮的啮合点又将左、右两腔隔开，形成了压油、吸油腔。当齿轮按图示方向旋转时，右侧吸油腔内的轮齿脱离啮合，密封工作腔容积不断增大，形成部分真空，油液在大气压力作用下从油箱经吸油管进入吸油腔，并被旋转的轮齿带入左侧的压油腔。左侧压油腔内的轮齿不断进入啮合，使密封工作腔容积减小，油液受到挤压被排往液压系统，这就是齿轮泵的吸油和排油过程。在齿轮泵的啮合过程中，啮合点沿啮合线把吸油区和排油区分开。

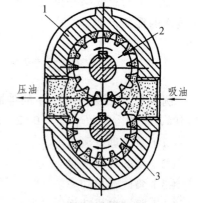

图 3-2　外啮合齿轮泵的工作原理

1—泵体；2—主动齿轮；3—从动齿轮

3.2.2　齿轮泵的流量

外啮合齿轮泵的排量可近似看作是 2 个啮合齿轮的齿谷容积之和，若假设齿谷容积等于齿轮泵的排量，其公式为

$$V = \pi d h b = 2\pi z m^2 b \qquad (3\text{-}9)$$

式中　V——液压泵的每转排量，m^3/r；

　　　z——齿轮的齿数；

　　　m——齿轮的模数，m；

　　　b——齿轮的齿宽，m；

　　　d——齿轮的节圆直径，m，根据齿轮参数计算公式有：$d = mz$；

　　　h——齿轮的有效齿高，m，根据齿轮参数计算公式有：$h = 2m$。

实际上，齿谷容积比轮齿体积稍大一些，并且齿数越少误差越大。因此，在实际计算中用 3.33 ~ 3.50 来代替上式中的 π 值，齿数少时取大值，齿数多时取小值，则齿轮泵的排量为

$$V = (6.66 \sim 7)z m^2 b \qquad (3\text{-}10)$$

由此得出齿轮泵的输出流量为

$$q = (6.66 \sim 7)z m^2 b n \eta_v \qquad (3\text{-}11)$$

3.2.3　齿轮泵的结构特点

如图 3-3 所示为 CB-B 型齿轮泵的结构简图，下面以它为例介绍低压齿轮泵的结构。

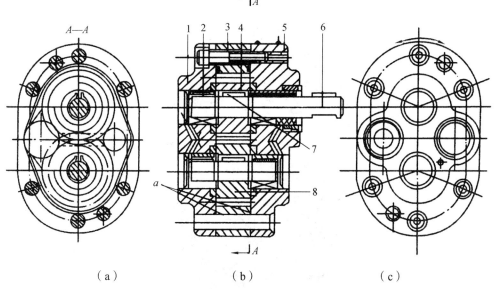

（a）　　　　　　　　（b）　　　　　　　　（c）

图 3-3　CB-B 型齿轮泵

1—后泵盖；2—滚针轴承；3—泵体；4—主动齿轮；5—前泵盖；6—传动轴；7—键；8—从动齿轮

CB-B 型齿轮泵采用泵体与两侧泵盖分开的 H 片式结构。泵体 3 中装有一对直径和齿数相同并互相啮合的齿轮。主动齿轮用键固定在传动轴 6 上，由键 7 带动旋转；从动齿轮 8 由主动齿轮 4 带动旋转。主动轴和从动轴均由滚针轴承 2 支承，而滚针轴承分别装在前、后泵盖 5 和 1 中。前、后泵盖由两定位销定位，并和泵体 3 一起用 6 个螺钉紧固。为使齿轮防动，

齿宽比泵体的尺寸稍簿，因此存在轴向间隙。为了防止轴向间隙泄漏的油液漏到泵体外，除了在主动轴的伸出端装有密封圈外，还在泵体的前、后端面上开有卸荷沟槽 a，使泄漏油经由卸荷沟槽流回吸油口，同时减轻了泵体与泵盖接合面之间的泄漏油压力，减轻了螺钉承受的拉力。

1. 齿轮泵的泄漏

外啮合齿轮泵高压腔（压油腔）的压力油向低压腔（吸油腔）泄漏有 3 条途径：一是通过齿轮啮合处的间隙；二是通过泵体表面与齿顶圆间的径向间隙；三是通过齿轮两端面与两侧端盖间的端面轴向间隙。3 种途径中，端面轴向间隙的泄漏量最大，占总泄漏量的 70%～80%。因此，普通齿轮泵的容积效率较低，输出压力不容易提高，不适宜用作高压泵。

2. 径向不平衡力

齿轮泵工作时，作用在齿轮外圆上的压力是不均匀的。在压油腔和吸油腔齿轮外圆分别承受系统工作压力和吸油压力。在齿轮齿顶圆与泵体内孔的径向间隙中，可以认为油液由压油腔压力逐渐下降到吸油腔压力。在油液压力的综合作用下，齿轮所受径向作用力是不平衡的，如图 3-4 所示。径向不平衡力作用在齿轮和轴上，而且工作压力越高就越大，因此它直接影响轴承的寿命，并往往成为提高泵的工作压力的限制因素。通常采取缩小压油口的办法来减小径向不平衡力，使高压油仅在一个到两个齿的范围内。

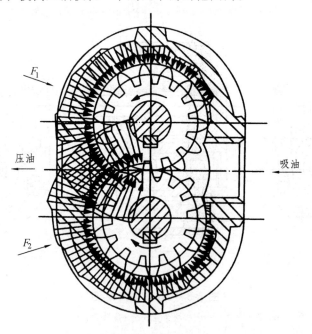

图 3-4　齿轮泵的径向不平衡力

3. 齿轮泵的困油

齿轮泵要能连续地供油，就要求齿轮啮合的重叠系数 ε 大于 1，也就是当一对轮齿尚未脱开啮合时，另一对轮齿已进入啮合。这样，就会出现同时有两对轮齿啮合的瞬间，在两对轮齿的齿向啮合线之间形成了一个封闭容腔，一部分油液也就被困在这一封闭容腔中，如图3-5（a）所示。齿轮连续旋转时，这一封闭容积便逐渐减小。到两啮合点处于节点两侧的对称位置时，封闭容积为最小，如图3-5（b）所示。齿轮再继续转动时，封闭容积又逐渐增大，直到图3-5（c）所示的位置时，封闭容积又变为最大。在封闭容积减小时，被困油液受到挤压，压力急剧上升，使轴承上突然受到很大的冲击载荷，使泵剧烈振动，这时高压油从一切可能泄漏的缝隙中挤出，造成功率损失，使油液发热等。当封闭容积增大时，由于没有油液补充，因此形成局部真空，使原来溶解于油液中的空气分离出来，形成了气泡，油液中产生气泡后，会引起噪声、气蚀等。以上情况就是齿轮泵的困油现象，这种困油现象极为严重地影响着泵的工作平稳性和使用寿命。

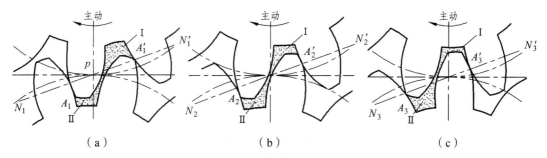

图 3-5 齿轮泵的困油

4. 中高压齿轮泵的特点

上述齿轮泵由于泄漏大且存在径向不平衡力，故压力不易提高。中高压齿轮主要是针对上述问题采取了一些措施，如尽量减小径向不平衡力和提高轴与轴承的刚度；对泄漏量最大处的端面间隙，采用了自动补偿装置等。下面对端面间隙的补偿装置作简单介绍。

（1）浮动轴套式。

图3-6（a）所示为浮动轴套式的间隙补偿装置。它利用泵的出口压力油，引入齿轮轴上的浮动轴套1的外侧A腔，在液体压力作用下，使轴套紧贴齿轮3的侧面，因而可以消除间隙并可补偿齿轮侧面和轴套间的磨损量。在泵启动时，靠弹簧4来产生预紧力，保证了轴向间隙的密封。

（2）浮动侧板式。

浮动侧板式补偿装置的工作原理与浮动轴套式基本相似，它也是利用泵的出口将压力油引到浮动侧板5的背面，如图3-6（b）所示，使之紧贴于齿轮3的端面来补偿间隙。启动时，浮动侧板靠密封圈来产生预紧力。

（3）挠性侧板式。

图3-6（c）所示为挠性侧板式间隙补偿装置，它是将泵出口的压力油引到侧板的背面后，靠侧板6自身的变形补偿端面间隙，侧板的厚度较薄。内侧面要耐磨（如烧结有0.5～0.7 mm的磷青铜），这种结构采取一定措施后，易使侧板外侧面的压力分布大体和齿轮侧面的压力相适应。

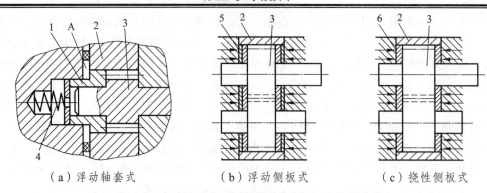

图 3-6 中高压齿轮泵的径向不平衡力的补偿装置

1—浮动轴套；2—泵体；3—齿轮；4—弹簧；5—浮动侧板；6—侧板

3.2.4 内啮合齿轮泵

内啮合齿轮泵的工作原理也是利用齿间密封容积的变化来实现吸油压油的。图 3-7 所示为内啮合齿轮泵的工作原理图。它的内、外转子齿数相差一齿，图中内转子为 6 齿，外转子为 7 齿。由于内、外转子是多齿啮合，就形成了若干密封容腔。当内转子围绕中心 O_1 旋转时，带动外转子绕外转子中心 O_2 做同向旋转。这时，由内转子齿顶 A_1 和外转子齿谷 A_2 间形成密封容积 c。随着转子转动容积逐渐扩大，于是就形成局部真空，油液从配油窗口 b（虚线围成部分）被吸入密封腔，至 A_1'、A_2' 位置时，封闭容积最大，这时吸油完毕。当转子继续旋转时，充满油液的密封容积便逐渐减小，油液受挤压，于是通过另一配油窗 a 将油排出，至内转子的另一齿全部和外转子的齿谷 A_2 全部啮合时，压油完毕。转子每转一周，由内转子齿顶和外转子齿谷所构成的每个密封容积，完成吸、压油各一次，当内转子转动时，即完成了液压泵的吸、排油工作。

内啮合齿轮泵的外转子齿形是圆弧，内转子齿形为短幅外摆线的等距线，故又称为内啮合摆线齿轮泵，也叫转子泵。

内啮合齿轮泵有许多优点，如结构紧凑、体积小、零件少、转速可高达 10 000 r/min、运动平稳、噪声低、容积效率较高等；缺点是流量脉动大、转子的制造工艺复杂等，目前已采用粉末冶金压制成型。随着工业技术的发展，摆线齿轮泵的应用将会愈来愈广泛。另外，内啮合齿轮泵可正、反转，可作液压马达用。

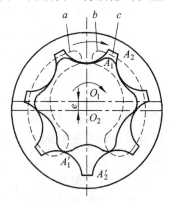

图 3-7 内啮合齿轮泵的工作原理图

3.3 叶片泵

叶片泵的结构较齿轮泵复杂，但其工作压力较高，且流量脉动小，工作平稳，噪声较小，寿命较长，所以被广泛应用于专业机床、自动线等中低压液压系统中。叶片泵分单作用叶片泵（变量泵，最大工作压力为 7 MPa）和双作用叶片泵（定量泵，最大工作压力为 7 MPa）。其中经改进结构的高压叶片泵最大的工作压力可达 16 ~ 21 MPa。

3.3.1　单作用叶片泵

1. 单作用叶片泵的工作原理

单作用叶片泵的工作原理如图 3-8 所示，单作用叶片泵由转子 1、定子 2、叶片 3 和端盖等组成。定子具有圆柱形内表面，定子和转子间有偏心距。叶片装在转子槽中，并可在槽内滑动。当转子回转时，由于离心力的作用，使叶片紧靠在定子内壁，这样在定子、转子、叶片和两侧配油盘间就形成若干个密封容腔。当转子按图示的方向回转时，在图的右侧，叶片逐渐伸出，叶片间的密封容积逐渐增大，从吸油口吸油，这是吸油腔；在图的左侧，叶片被定子内壁逐渐压进槽内，密封容积逐渐缩小，将油液从压油口压出，这是压油腔。在吸油腔和压油腔之间，有一段封油区，把吸油腔和压油腔隔开。这种叶片泵转子每转一周，每个密封容腔完成一次吸油和压

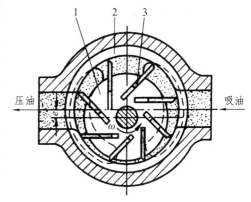

图 3-8　单作用叶片泵的工作原理图

1—转子；2—定子；3—叶片

油，因此称为单作用叶片泵。转子不停旋转，泵就不断地吸油和排油。

2. 单作用叶片泵的排量和流量计算

单作用叶片泵的排量为各密封容腔在主轴旋转一周时所排出的液体的总和，如图 3-9 所示，两个叶片形成的一个工作容积 V' 近似地等于扇形体积 V_1 与 V_2 之差，即

$$V' = V_1 - V_2 = \frac{1}{2}B\beta[(R+e)^2 + (R-e)^2] = \frac{4\pi}{z}ReB \tag{3-12}$$

单作用叶片泵的流量为

$$q = V_n\eta_v = 4\pi ReBn\eta_v \tag{3-13}$$

式中　R——定子半径，m；

　　　e——定子相对转子的偏心距，m；

　　　B——定子厚度，m。

在式（3-12）和式（3-13）的计算中，并未考虑叶片的厚度以及叶片的倾角对单作用叶片泵排量和流量的影响。实际上叶片在槽中伸出和缩进时，叶片槽底部也有吸油和压油过程，一般在单作用叶片泵中，压油腔和吸油腔处的叶片的底部是分别和压油腔及吸油腔相通的。因而，叶片槽底部的吸油和压油恰好补偿了叶片厚度及倾角所占据体积而引起的排量和流量的减小，这就是在计算中不考虑叶片厚度和倾角影响的缘故。

单作用叶片泵的流量也是有脉动的，理论分析表

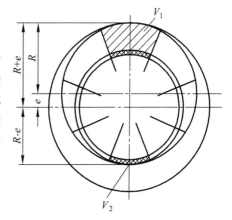

图 3-9　单作用叶片泵排量计算简图

明，泵内叶片数越多，流量脉动率越小。此外，奇数叶片的泵的脉动率比偶数叶片的泵的脉动率小，所以单作用叶片泵的叶片数均为奇数，一般为 13 或 15 片。

3. 单作用叶片泵的结构特点

单作用叶片泵具有以下结构特点：

（1）改变定子和转子之间的偏心便可改变流量。偏心反向时，吸油压油方向也相反。

（2）处在压油腔的叶片顶部受到压力油的作用，该作用要把叶片推入转子槽内。为了使叶片顶部可靠地和定子内表面相接触，压油腔一侧的叶片底部要通过特殊的沟槽和压油腔相通。吸油腔一侧的叶片底部要和吸油腔相通，这里的叶片仅靠离心力的作用顶在定子内表面上。

（3）由于转子受到不平衡的径向液压作用力，所以这种泵一般不宜用于高压。

（4）为了更有利于叶片在惯性力作用下向外伸出，而使叶片有一个与旋转方向相反的倾斜角，称之为后倾角，一般为 24°。

4. 限压式变量叶片泵

限压式变量叶片泵是单作用叶片泵，根据前面介绍的单作用叶片泵的工作原理可知，改变定子和转子间的偏心距 e，就能改变泵的输出流量。限压式变量叶片泵能借助输出压力的大小自动改变偏心距 e 的大小，从而改变输出流量。当压力低于某一可调节的限定压力时，泵的输出流量最大；压力高于限定压力时，随着压力增加，泵的输出流量线性地减少，其工作原理如图 3-10 所示。泵的出口经通道 7 与活塞缸 6 相通。在泵未运转时，定子 2 在调压弹簧 9 的作用下，紧靠活塞 4，并使活塞 4 靠在螺钉 5 上。这时，定子和转子有一偏心距 e，调节螺钉 5 的位置，便可改变 e。当泵的出口压力较低时，则作用在活塞 4 上的液压力也较小，若此时液压力小于上端的弹簧作用力，定子相对于转子的偏心距变大，输出流量也随之变大。随着外负载的增大，液压泵的出口压力也将随之提高。当压力进一步升高，大于弹簧作用力时，液压作用力就要克服弹簧力推动定子向上移动，随着泵的偏心距减小，泵的输出流量也减小。

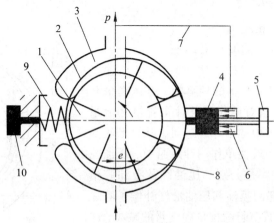

图 3-10 限压式变量叶片泵的工作原理图

1—转子；2—定子；3—吸油窗口；4—活塞；5—螺钉；6—活塞缸；7—通道；
8—压油窗口；9—调压弹簧；10—调压螺钉

3.3.2　双作用叶片泵

1. 双作用叶片泵的结构和原理

双作用叶片泵的工作原理如图 3-11 所示，它是由定子 1、转子 2、叶片 3 和配油盘 4 等组成。转子和定子中心重合，定子内表面近似为椭圆柱形，该椭圆形由 2 段大圆弧、2 段小圆弧和 4 段过渡曲线所组成。当转子转动时，叶片在离心力和根部压力油的作用下，在转子槽内向外移动而压向定子内表面，由叶片、定子的内表面、转子的外表面和两侧配油盘间就形成若干个密封容腔。当转子按图示方向逆时针旋转时，处在小圆弧上的密封容腔经过渡曲线而运动到大圆弧的过程中，叶片外伸，密封容积增大，要经 a 窗口吸入油液；再从大圆弧经过渡曲线运动到小圆弧的过程中，叶片被定子内壁逐渐压过槽内，密封容积变小，将油液从 b 窗口压出。因而，转子每转一周，每个工作空间要完成两次吸油和压油，故称之为双作用叶片泵。这种叶片泵由于有 2 个吸油腔和 2 个压油腔，并且各自的中心夹角是对称的，作用在转子上的油液压力相互平衡。双作用叶片泵为了要使径向力完全平衡，密封空间数（即叶片数）应当是偶数。

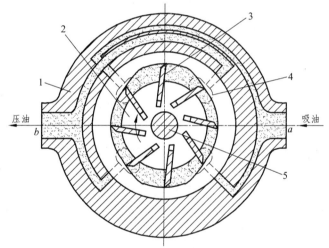

图 3-11　双作用叶片泵工作原理

1—定子；2—转子；3—叶片；4—配油盘；5—传动轴

2. 双作用叶片泵的排量和流量计算

双作用叶片泵的排量计算简图如图 3-12 所示，由于转子在转一周的过程中，每个密封容腔完成两次吸油和压油，所以当定子的大圆弧半径为 R、小圆弧半径为 r、定子宽度为 B、两叶片间的夹角为 $\beta = 2\pi/z$ 时，每个密封容积排出的油液体积为半径为 R 和 r、扇形角为 β、厚度为 B 的两扇形体积之差的两倍，因而在不考虑叶片的厚度和倾角时，双作用叶片泵的排量为

$$V' = 2\pi(R^2 - r^2)B \tag{3-14}$$

式中　R ——定子长半径，m；

　　　r ——定子短半径，m；

B ——转子厚度，m。

双作用叶片泵的平均实际流量为

$$q = 2\pi(R^2 - r^2)Bn\eta_{\text{v}} \qquad (3\text{-}15)$$

双作用叶片泵如不考虑叶片厚度，泵的输出流量在理想情况下是均匀的。但实际叶片是有厚度的，长半径圆弧和短半径圆弧也不可能完全同心，尤其是叶片底部槽与压油腔相通，因此泵的输出流量将出现微小的脉动。但其脉动率较其他形式的泵（螺杆泵除外）小得多，且在叶片数为 4 的整数倍时最小，为此双作用叶片泵的叶片数一般为 12 或 16 片。

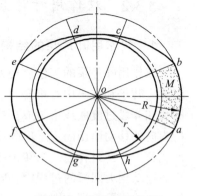

图 3-12　双作用叶片泵
平均流量计算原理

3. 双作用叶片泵的结构特点

（1）配油盘。

双作用叶片泵的配油盘如图 3-13 所示，在盘上有 2 个吸油窗口 2、4 和 2 个压油窗口 1、3，窗口之间为封油区。通常应使封油区对应的中心角 β 稍大于或等于 2 个叶片之间的夹角，否则会使吸油腔和压油腔连通，造成泄漏。当 2 个叶片间的封闭油液从吸油区过渡到封油区（长半径圆弧处）时，其压力基本上与吸油压力相同。但当转子再继续旋转一个微小角度时，该密封腔突然与压油腔相通，则其中油液压力突然升高，油液的体积突然收缩，压油腔中的油倒流进密封容腔，使液压泵的瞬时流量突然减小，从而引起液压泵的流量脉动、压力脉动和噪声。为此在配油盘的压油窗口靠叶片从封油区进入压油区的一边，开有一个截面形状为三角形的三角槽（又称眉毛槽）。使两叶片之间的封闭油液在未进入压油区之前就通过该三角槽与压力油相连，其压力逐渐上升，因而缓减了流量和压力脉动，并降低了噪声。环形槽 c 与压油腔相通并与转子叶片槽底部相通，使叶片的底部作用有压力油。

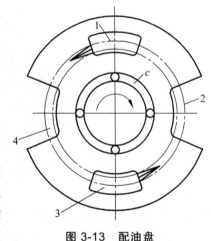

图 3-13　配油盘
1，3—压油窗口；2，4—吸油窗口；
c—环形槽

（2）定子曲线。

定子曲线是由 4 段圆弧和 4 段过渡曲线组成的。过渡曲线应保证叶片贴紧在定子内表面上，保证叶片在转子槽中径向运动时速度和加速度的变化均匀，使叶片对定子的内表面的冲击尽可能小。

过渡曲线如采用阿基米德螺旋线，则叶片泵的流量理论上没有脉动。可是叶片在大、小圆弧和过渡曲线的连接点处产生很大的径向加速度，对定子产生冲击，造成连接点处严重磨损，并产生噪声。若在连接点处用小圆弧进行修正，可以改善这种情况，在较为新式的泵中常采用"等加速-等减速"曲线。

（3）叶片的倾角。

叶片在工作过程中，受离心力和叶片根部压力油的作用，使叶片和定子紧密接触。当叶片转至压油区时，定子内表面迫使叶片推向转子中心，它的工作情况和凸轮相似。叶片与定子内表面接触有一压力角为 β，且大小是变化的，其变化规律与叶片径向速度变化规律相同，即从零逐渐增加到最大，又从最大逐渐减小到零。因而在双作用叶片泵中，若将叶片顺着转子回转方向前倾一个 θ 角，使压力角减小，这样就可以减小侧向力，使叶片在槽中移动灵活，并可减少磨损。叶片泵叶片的倾角 θ 一般为 $10° \sim 14°$。

4. 提高双作用叶片泵压力的措施

由于一般双作用叶片泵的叶片底部通有压力油，就使得处于吸油区的叶片顶部和底部的液压作用力不平衡，叶片顶部以很大的压紧力抵在定子吸油区的内表面上。从而使磨损加剧，影响叶片泵的使用寿命，尤其是工作压力较高时，磨损更严重。因此，吸油区叶片两端压力的不平衡限制了双作用叶片泵工作压力的提高。所以在高压叶片泵的结构上必须采取措施，使叶片压向定子的作用力减小。常用的措施如下：

（1）减小作用在叶片底部的油液压力。将泵的压油腔的油通过阻尼槽或内装式小减压阀通到吸油区的叶片底部，使叶片经过吸油腔时，叶片压向定子内表面的作用力不致过大。

（2）减小叶片底部承受压力油的作用面积。叶片底部受压面积为叶片的宽度和叶片厚度的乘积，因此减小叶片的实际受力宽度和厚度，就可减小叶片的受压面积。

减小叶片实际受力宽度的结构如图 3-14（a）所示，这种结构中采用了复合式叶片（也称子母叶片），叶片分成母叶片 1 与子叶片 2 两部分。通过配油盘使 K 腔总是接通压力油，引入母子叶片间的小腔 c 内，而母叶片底部 L 腔，则借助虚线所示的油孔，始终与顶部油液压力相通。这样，无论叶片处在吸油区还是压油区，母叶片顶部和底部的压力油总是相等的。当叶片处在吸油腔时，只有 K 腔的高压油作用而压向定子内表面，减小了叶片和定子内表面间的作用力。

图 3-14（b）所示为阶梯片结构，其中阶梯叶片和阶梯叶片槽之间的油室 d 始终和压力油相通，而叶片的底部和所在腔相通。这样，叶片在 d 室内油液压力作用下压向定子表面，由于作用面积减小，使其作用力不致太大，但这种结构的工艺性较差。

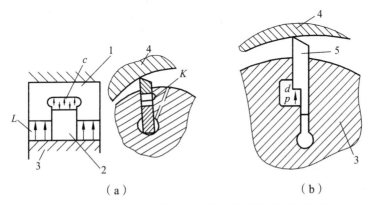

（a）　　　　　　　　（b）

图 3-14　减小叶片作用面积的高压叶片泵叶片结构

1—母叶片；2—子叶片；3—转子；4—定子；5—叶片

（3）使叶片顶端和底部的液压作用力平衡。图 3-15（a）所示的泵采用双叶片结构，叶片槽中有 2 个可以做相对滑动的叶片 1 和 2。每个叶片都有一棱边与定子内表面接触，在叶片的顶部形成一个油腔 a，叶片底部油腔 b 始终与压油腔相通，并通过两叶片间的小孔 c 与

油腔 a 相连通，因而使叶片顶端和底部的液压作用力得到平衡。适当选择叶片顶部棱边的宽度，可以使叶片对定子表面既有一定的压紧力，又不致使该力过大。为了使叶片运动灵活，对零件的制造精度将提出较高的要求。

图 3-15（b）所示为叶片装弹簧的结构，这种结构叶片较厚，顶部与底部有孔相通。叶片底部的油液是由叶片顶部经叶片的孔引入的，因此叶片上、下油腔的作用力基本平衡。为使叶片紧贴定子内表面保证密封，在叶片根部装有弹簧。

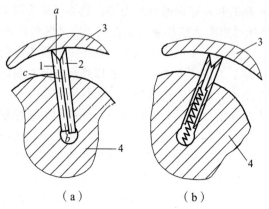

（a）　　　　　　　　　　（b）

图 3-15　叶片液压力平衡的高压叶片泵叶片结构

1，2—叶片；3—定子；4—转子

3.4　柱塞泵

柱塞泵是靠柱塞在缸体中做往复运动造成密封容积变化来实现吸油与压油的液压泵，与齿轮泵和叶片泵相比，这种泵有许多优点：第一，构成密封容积的零件为圆柱形的柱塞和缸孔，加工方便，可得到较高的配合精度，密封性能好，在高压状态下工作仍有较高的容积效率；第二，只需改变柱塞的工作行程就能改变流量，易于实现变量；第三，柱塞泵中的主要零件均受压应力作用，材料强度性能可得到充分利用。由于柱塞泵压力高，结构紧凑，效率高，流量调节方便，故在需要高压、大流量、大功率的系统中和流量需要调节的场合，如龙门刨床、拉床、液压机、工程机械、矿山冶金机械、船舶上得到广泛的应用。

柱塞泵按柱塞的排列和运动方向不同，可分为径向柱塞泵和轴向柱塞泵两大类。

3.4.1　轴向柱塞泵

1. 轴向柱塞泵的工作原理

图 3-16 所示为斜盘式轴向柱塞泵的工作原理图，配油盘 1 上的 2 个弧形孔为吸、排油窗口，斜盘 10 与配油盘固定不动，弹簧 5 通过芯套 7 将回程盘 8 和滑靴 9 压紧在斜盘上。传动轴 2 通过键 3 带动缸体 4 和柱塞 6 旋转，当柱塞按图示方向旋转时，在泵的右侧时，柱塞被滑靴（其头为球铰连接）从柱塞孔中拉出，使柱塞与柱塞孔组成的密封工作容积加大而产生真空，油液通过配油盘的吸油窗口被吸进柱塞孔内，从而完成吸油过程。当柱塞转到泵的右侧，柱塞被斜盘

的斜面通过滑靴压进柱塞孔内，使密封工作容积减小，油液受压，通过配油盘的排油窗口排出泵外，从而完成压油过程。缸体旋转一周，每个柱塞即完成一次吸油和压油。

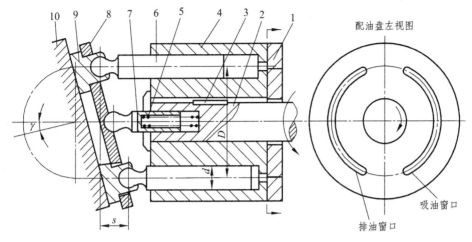

图 3-16　斜盘式轴向柱塞泵的工作原理

1—配油盘；2—传动轴；3—键；4—缸体；5—弹簧；6—柱塞；
7—芯套；8—回程盘；9—滑靴；10—斜盘

需要注意的是，配油盘上吸油窗口和压油窗口之间的密封区宽度应稍大于柱塞缸体底部通油孔宽度。但不能相差太大，否则会发生困油现象。一般在两配油窗口的两端开有小三角槽，以减小冲击和噪声。

斜轴式轴向柱塞泵的缸体轴线相对传动轴轴线呈一倾角，传动轴端部用万向铰链、连杆与缸体中的每个柱塞相连接。当传动轴转动时，通过万向铰链、连杆使柱塞和缸体一起转动，并迫使柱塞在缸体中做往复运动，借助配油盘进行吸油和压油。这类泵的优点是变量范围大，泵的强度较高，但和直轴式柱塞泵相比，其结构较复杂，外形尺寸和质量均较大。

轴向柱塞泵的优点是结构紧凑，径向尺寸小，惯性小，容积效率高，目前最高压力可达40 MPa，甚至更高，一般用于工程机械、压力机等高压系统中。但其轴向尺寸较大，轴向作用力也较大，结构比较复杂。

2. 轴向柱塞泵的排量和流量计算

若柱塞数目为 z，柱塞直径为 d，柱塞孔分布圆直径为 D，斜盘倾角为 γ，则轴向柱塞泵的排量为

$$V = \frac{\pi}{4} d^2 z D \tan \gamma \tag{3-16}$$

泵的实际流量为

$$q = \frac{\pi}{4} d^2 D \tan \gamma z n \eta_{\mathrm{v}} \tag{3-17}$$

式中　n ——转速；

　　　η_{v} ——容积效率。

实际上，泵的瞬时流量是脉动的，其最大流量和最小流量之差与平均理论流量的百分比，

称为流量脉动率 δ_q ，它与柱塞的数量 z 有关。

当 z 为偶数时， δ_q 为

$$\delta_q = \frac{\pi}{z} \tan \frac{\pi}{2z} \times 100\% \tag{3-18}$$

当 z 为奇数时， δ_q 为

$$\delta_q = \frac{\pi}{2z} \tan \frac{\pi}{4z} \times 100\% \tag{3-19}$$

两式表明，柱塞数为奇数时的脉动率比偶数柱塞的脉动率小，且柱塞数越多，脉动越小，故柱塞泵的柱塞数一般都为奇数。从结构工艺性和脉动率综合考虑，常取 $z = 7$ 或 $z = 9$ 。

3. 轴向柱塞泵的结构特点

图 3-17 所示为一种直轴式轴向柱塞泵的结构简图。柱塞的球状头部装在滑履 4 内，以缸体作为支撑的弹簧 9 通过钢球推压回程盘 3，回程盘和柱塞滑履一起转动。在排油过程中借助斜盘 2 推动柱塞做轴向运动。在吸油时，依靠回程盘、钢球和弹簧组成的回程装置将滑履紧紧压在斜盘表面上滑动。在滑履与斜盘相接触的部分有一油室，它通过柱塞中间的小孔与缸体中的工作腔相连。压力油进入油室后在滑履与斜盘的接触面间形成了一层油膜，起着静压支承的作用，使滑履作用在斜盘上的力大大减小，因而磨损也减小。传动轴 8 通过左边的花键带动缸体 6 旋转，由于滑履 4 贴紧在斜盘表面上，柱塞在随缸体旋转的同时在缸体中做往复运动。缸体中柱塞底部的密封工作容积是通过配油盘 7 与泵的进出口相通的。随着传动轴的转动，液压泵就连续地吸油和压油。

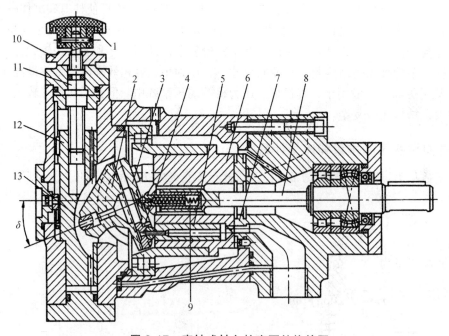

图 3-17 直轴式轴向柱塞泵结构简图

1—手轮；2—斜盘；3—回程盘；4—滑履；5—柱塞；6—缸体；7—配油盘；8—传动轴；
9—中心弹簧；10—锁紧螺母；11—丝杠；12—变量活塞；13—轴销

轴向柱塞泵的典型结构特点包括以下几方面：

（1）缸体端面间隙自动补偿。依靠中心弹簧作用力和柱塞孔底部台阶面上所受的液压力，使缸体紧贴着配油盘，使缸体端面间隙得到自动补偿，从而提高了泵的容积效率。

（2）滑履结构。柱塞和滑履为球面接触，滑履与斜盘为平面接触，相比较柱塞直接与斜盘接触，改善了受力状态。

（3）变量机构。由式（3-17）可知，只要改变斜盘的倾角，即可改变轴向柱塞泵的排量和输出流量。如图 3-17 所示，转动手轮 1，使丝杠 11 带动变量活塞 12 轴向移动（因导向键的作用，变量活塞只能做轴向移动，不能转动）。通过轴销 13，使斜盘 2 绕变量机构壳体上的圆弧导轨面的中心（即钢球中心）旋转，从而使斜盘倾角改变，达到变量的目的。当流量达到要求时，可用锁紧螺母 10 锁紧。这种变量机构结构简单，但操纵不轻便，且不能在工作过程中变量。

3.4.2　径向柱塞泵

1. 径向柱塞泵的工作原理

径向柱塞泵的工作原理如图 3-18 所示。柱塞 3 径向排列装在缸体 1 中，缸体由原动机带动连同柱塞 3 一起旋转，所以一般称缸体 1 为转子，柱塞 3 在离心力（或在低压油）的作用下抵紧定子 2 的内壁。当转子按图示方向回转时，由于定子和转子之间有偏心距 e，柱塞绕经上半周时向外伸出，柱塞底部的容积逐渐增大，形成部分真空，因此便经过衬套 4（衬套 4 压紧在转子内，并和转子一起回转）上的油孔从配油轴 5 和吸油口 b 吸油；当柱塞转到下半周时，定子内壁将柱塞向里推，柱塞底部的容积逐渐减小，向配油轴的压油口 c 压油。当转子回转一周时，每个柱塞底部的密封容积完成一次吸、压油，转子连续运转，即完成压油和吸油工作。配油轴固定不动，油液从配油轴上半部的 2 个孔 a 流入，从下半部两个油孔 d 压出，为了进行配油，配油轴在和衬套 4 接触的一段加工出上、下 2 个缺口，形成吸油口 b 和压油口 c，留下的部分形成封油区。封油区的宽度应能封住衬套上的吸、压油孔，以防吸油口和压油口相通，但尺寸也不能太大，以免产生困油现象。

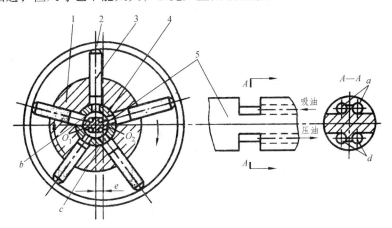

图 3-18　径向柱塞泵的工作原理

1—缸体；2—定子；3—柱塞；4—衬套；5—配油轴

2. 径向柱塞泵的排量和流量计算

当转子和定子之间的偏心距为 e 时，柱塞在缸体孔中的行程为 $2e$，设柱塞个数为 z，直径为 d 时，泵的排量为

$$V = \frac{\pi}{4}d^2 \cdot 2ez = \frac{\pi}{2}d^2ez \tag{3-20}$$

设泵的转数为 n，容积效率为 η_v，则泵的实际输出流量为

$$q = V \cdot n \cdot \eta_v = \frac{\pi}{2}d^2 \cdot e \cdot z \cdot n \cdot \eta_v \tag{3-21}$$

3. 径向柱塞泵的结构特点

径向柱塞泵的主要结构特点如下：

（1）径向尺寸大，结构复杂，自吸能力差。

（2）配油轴受到径向不平衡液压力的作用，易于磨损，因而限制了工作压力的提高。

（3）移动定子改变偏心距 e，可改变流量的大小。当 e 从正值变为负值时，则吸、压油腔互换，因此可作为单向或双向变量泵。

（4）存在困油现象。

3.5　液压泵的选用与维护

3.5.1　液压泵的选用

液压泵是液压系统提供一定流量和压力的油液动力元件，它是每个液压系统不可缺少的核心元件。合理地选择液压泵对于降低液压系统的效率、降低噪声、改善工作性能和保证系统的可靠工作都十分重要。

选择液压泵的原则是根据主机工况、功率大小和系统对工作性能的要求，首先确定液压泵的类型，然后按系统所要求的压力、流量大小确定其规格型号。

一般来说，由于各类液压泵有各自突出的特点（见表 3-3），其结构、功用和转动方式各不相同，因此应根据不同的使用场合选择合适的液压泵。一般在机床液压系统中，往往选用双作用叶片泵和限压式变量叶片泵；而在筑路机械、港口机械以及小型工程机械中往往选择抗污染能力较强的齿轮泵；在负载大、功率大的场合往往选择柱塞泵。

表 3-3　液压系统中常用液压泵的主要性能

性能	齿轮泵	双作用叶片泵	限压式变量叶片泵	径向柱塞泵	轴向柱塞泵
工作压力/MPa	<20	6.3~21	≤7	10~20	20~35
容积效率	0.70~0.95	0.80~0.95	0.80~0.90	0.85~0.95	0.90~0.98
总效率	0.60~0.85	0.75~0.85	0.70~0.85	0.75~0.92	0.85~0.95
流量调节	不能	不能	能	能	能

性能	齿轮泵	双作用叶片泵	限压式变量叶片泵	径向柱塞泵	轴向柱塞泵
输出流量脉动	大	很小	一般	一般	一般
自吸特性	好	较差	较差	差	差
油污敏感性	不敏感	较敏感	较敏感	很敏感	很敏感
噪声	大	小	较大	大	大

3.5.2　液压泵的使用与维护

液压泵在使用过程中不可避免地会发生故障，这些故障可分为突发性和磨损性故障。其中磨损性故障主要是由于零件的自然磨损引起的；而突发性故障主要是由于管理者在使用与维护时未按操作要求及规程进行引起的。为了能使其长期保持良好的工作状态和较长的使用寿命，除应科学合理地使用液压泵以外，还要建立和健全必要的日常维护保养制度。

1. 保证系统油液的正常状态

（1）油液黏度应符合要求。

根据不同型号、类别的液压泵以及工况条件选用适宜的液压油。相关知识可参考模块 1 液压油部分。

（2）保持油液清洁，维持一定的滤油精度。

① 轴向柱塞泵的端面间隙能自动补偿，间隙小，油膜薄，油液的滤油精度要求最高。

② 固体杂质造成磨损、容积效率下降，导致通孔、变量机构、零件等的堵塞和卡阻。

③ 油液一旦污染，应全部更换，并用清洁油冲洗。

（3）工作油温适当。

① 一般工作油温应为 10 ~ 50 ℃，最高应小于 65 ℃，局部短时也应小于 90 ℃。

② 低温时，应轻载或空载启动，待油温正常后再恢复正常运行。一般油温低于 10 ℃ 时，应空载运行 20 min 以上才能加载；若气温在 0 ℃ 以下或 35 ℃ 以上，则应加热或冷却；严寒地区或冬天启动时，应使油温升至 15 ℃ 以上方能加载；在 - 10 ℃ 以下不允许启动。

③ 工作时，严禁将冷油充入热元件，或将热油充入冷元件，以免温差过大导致配合件间膨胀或收缩不一致而卡死。在冬天或寒冷地区，若采用电加热器加热油箱中的油液，由于泵和马达依然是冷的，易卡死，使用时要特别注意。

2. 保证正常的工作条件

虽然液压泵均为容积式泵，有一定的自吸能力，但泵内摩擦密封面多，自吸能力有限。而有些泵就规定不允许自吸，因此应该考虑其吸入条件，尽量减小吸入阻力。

① 吸油管安装阻尼较小的粗过滤器或不设过滤器。

② 吸油管应短而直，且管径应比泵入口略大。

③ 吸油管截止阀应全开，否则易发生气穴现象，导致容积效率下降。

3. 正确使用和维护

（1）初次使用或拆修过的油泵启动前，应向泵内灌油，以保证润滑。

（2）启动前，应检查转向，规定转向的泵不得反转。采用辅泵供油时，启动时，应先开辅泵，后开主泵；停车时，应先停主泵，后停辅泵，以保证泵内有油。

（3）不得超过最大工作压力，最大压力的一次连续工作的时间不超过 1 min，且 1 h 内最大压力的累计工作时间不超过 10%，即 6 min。

（4）不得超过额定转速。

（5）不宜长时间在零位（排量为零）运转，否则因为无排油而导致润滑、冷却、密封的恶化。

（6）拆检时，应严防各零部件错配，防止用力锤击和撬拨零件（零部件硬度高且已研配好）。零件装配前，应用挥发性洗涤剂清洗并吹干，严禁用棉纺擦洗。

思考题

1. 液压泵的工作压力取决于什么？泵的工作压力与额定压力有何区别？

2. 什么是液压泵的排量、理论流量和实际流量？它们的关系如何？

3. 液压泵在工作过程中会产生哪两方面的能量损失？产生损失的原因是什么？

4. 齿轮泵压力的提高主要受哪些因素影响？可以采取哪些措施来提高齿轮泵的压力？

5. 双作用叶片泵和限压式变量叶片泵在结构上有何区别？

6. 试比较各类液压泵性能上的异同点。

7. 某液压泵在转速 $n = 950$ r/min 时，理论流量 $q_t = 160$ L/min。在同样的转速和压力 $p = 29.5$ MPa 时，测得泵的实际流量为 $q = 160$ L/min，总效率 $\eta = 0.87$，求：

（1）泵的容积效率。

（2）泵在上述工况下所需的电动功率。

（3）泵在上述工况下的机械效率。

（4）驱动泵的转矩。

单元 4　液压缸与液压马达

　　液压缸与液压马达统称为液压执行元件，都是将液压泵输出的压力能转换为机械能。液压缸的功能是将液压能转变为直线往复式的机械运动或摆动运动，液压马达则用于实现旋转运动。

　　本单元的重点是液压缸与液压马达的结构、工作原理、参数计算；难点是液压缸及液压马达的结构、工作原理和参数计算。

4.1　液压缸的类型与结构

　　为了满足各类机械的不同用途的需求，液压缸具有多种结构和不同性能。液压缸是用来驱动工作机构实现直线往复运动或往复摆动，其特点是结构简单，工作可靠。液压缸做直线往复运动时，省去减速机构，且没有传动间隙，传动平稳，反应快，因此在液压系统中应用广泛。

4.1.1　液压缸的工作原理

　　液压缸的工作原理如图 4-1 所示。液压缸由缸筒 1、活塞 2、活塞杆 3、端盖 4、活塞杆密封件 5 等主要部件组成。其他类型的活塞式液压缸的主要零件与图 4-1 所示结构类似。

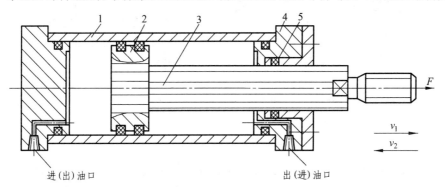

图 4-1　液压缸的工作原理图

1—缸筒；2—活塞；3—活塞杆；4—端盖；5—活塞杆密封件

　　若缸筒固定，左腔连续地输入压力油，以克服活塞杆上的所有负载时，活塞以速度 v_1 连续向右运动，活塞杆对外界做功；反之，往右腔输入压力油时，活塞以速度 v_2 向左运动，活塞杆也对外界做功。这样，完成了一次往复运动。这种液压缸叫作缸筒固定缸。

　　若活塞杆固定，左腔连续地输入压力油，则缸筒向左运动；往右腔连续地通入压力油时，则缸筒右移。这种液压缸叫作活塞杆固定缸。

　　因此，输入液压缸的油必须具有压力和流量。压力用来克服载荷，流量用来形成一定的运动速度。

4.1.2　液压缸的分类

　　液压缸的分类方式有多种。

　　按供油方向分，可分为单作用缸和双作用缸。单作用缸只是往缸的一侧输入高压油，靠其他外力使活塞反向回程；双作用缸则分别向缸的两侧输入压力油，活塞的正、反向运动均靠液压力完成。

　　按结构形式分，可分为活塞缸、柱塞缸、摆动缸和伸缩式套筒缸等。

　　按缸的特殊用途分，可分为串联缸、增压缸、增速缸、步进缸等。

1. 活塞式液压缸

　　活塞杆分为双杆式和单杆式两种。

　　（1）双杆式活塞缸。

　　双杆式活塞缸的活塞两端各有一根直径相等的活塞杆伸出，根据安装方式的不同，又分为缸筒固定式和活塞杆固定式两种。如图 4-2（a）所示为缸体固定式的双杆活塞缸，如图 4-2（b）所示为活塞杆固定式的双杆活塞缸。

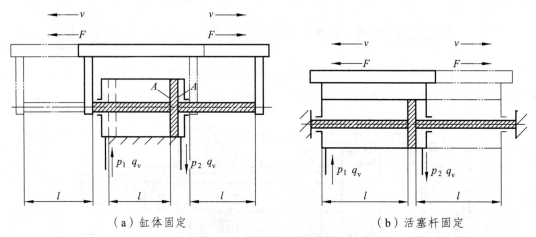

（a）缸体固定　　　　　　　　　　　　（b）活塞杆固定

图 4-2　双杆式活塞液压缸

　　缸体固定式的双杆活塞缸的进、出油口布置在缸筒两端，活塞通过活塞杆带动工作台移动。当活塞的有效行程为 l 时，整个工作台的运动范围为 $3l$，所以机床占地面积大，一般适用于中、小型机床。当工作台行程要求较长时，可采用如图 4-2（b）所示的活塞杆固定的形式。这时，缸体与工作台相连，活塞杆通过支架固定在机床上，动力由缸体传动形成。这种安装形式中，工作台的移动范围只等于液压缸有效行程的两倍，因此占地面积小。进、出油口可设置在固定不动的空心活塞杆的两端，使油液从活塞杆中进出，也可设置在缸体的两端，但必须使用软管连接。

　　由于双杆式活塞缸两端的活塞杆直径通常是相等的，因此它左、右两腔的有效面积也相等。当分别向左、右腔输入相同压力和相同流量的油液时，液压缸左、右两个方向的推力和速度相等，因此：

$$F = A(p_1 - p_2) = \frac{\pi}{4}(D^2 - d^2)(p_1 - p_2) \tag{4-1}$$

$$v = \frac{4q_v}{\pi(D^2 - d^2)} \tag{4-2}$$

式中　q——进入缸的液体流量；

　　　v——活塞的运动速度；

　　　A——活塞的有效面积；

　　　D——活塞直径，即缸筒的内径；

　　　d——活塞杆直径。

（2）单杆式活塞液压缸。

单杆式活塞液压缸的活塞只有一端带活塞杆，它也有缸体固定和活塞杆固定两种形式，但它们的工作平台移动范围都是活塞有效行程的两倍。

① 当无杆腔进油、有杆腔回油时，如图 4-3（a）所示，活塞推力和移动速度（也叫快进速度）分别为

$$F_1 = p_1 A_1 - p_2 A_2 = \frac{\pi}{4}D^2 p_1 - \frac{\pi}{4}(D^2 - d^2)p_1 \tag{4-3}$$

$$v_1 = \frac{4q_v}{\pi D^2} \tag{4-4}$$

② 当有杆腔进油、无杆腔回油时，如图 4-3（b）所示，活塞推力和移动速度（也叫快退速度）分别为

$$F_2 = p_1 A_2 - p_2 A_1 = \frac{\pi}{4}(D^2 - d^2)p_1 - \frac{\pi}{4}D^2 p_2 \tag{4-5}$$

$$v_2 = \frac{4q_v}{\pi(D^2 - d^2)} \tag{4-6}$$

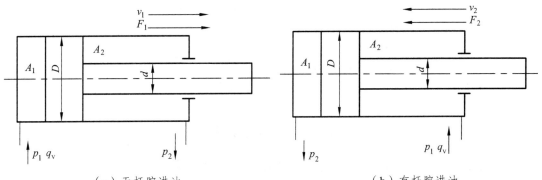

（a）无杆腔进油　　　　　　　　　　（b）有杆腔进油

图 4-3　单杆式活塞液压缸

活塞 2 个方向上的速度比叫作液压缸的速度比，由式（4-4）和式（4-6）可以得到液压

缸往复运动的速度比为

$$\lambda_v = \frac{v_2}{v_1} = \frac{D^2}{D^2 - d^2} = \frac{1}{1 - \left(\dfrac{d}{D}\right)^2} \tag{4-7}$$

由于单杆式活塞液压缸的活塞两端有效面积不等。如果以相同流量的压力油分别进入液压缸的左、右腔，活塞移动的速度与进油腔的有效面积成反比，而活塞上产生的推力则与进油腔的有效面积成正比。即油液进入无杆腔时，有效面积大，速度慢，而输出力较大；进入有杆腔时，有效面积小，速度快，而活塞上产生的推力则与进油腔的有效面积成正比，输出推力较小。因此常把压力油进入无杆腔的情况作为工作行程，而把压力油进入有杆腔的情况作为空行程。

③ 差动连接式活塞缸。

如果向单杆式活塞液压缸的左、右两腔同时通压力油，如图 4-4 所示，即构成差动连接，作为差动连接的单出杆液压缸称为差动液压缸。其开始工作时，差动缸左、右两腔的油液压力相等，但是由于左腔（无杆腔）的有效面积大于右腔（有杆腔）的有效面积，故活塞向右移动。同时使右腔中排出的油液进入左腔，加大了流入左腔的流量，从而也加快了活塞的移动速度。实际上活塞在运动时，由于差动缸两腔间的管路中有压力损失，所以右腔油液的压力稍大于左腔油液的压力。而这个差值一般都较小，可以忽略不计。此时，活塞推力和移动速度分别为

$$F_3 = p_1 A - p_2 A \approx \frac{\pi}{4} D^2 p_1 - \frac{\pi}{4} d^2 p_2 \tag{4-8}$$

$$v_3 = \frac{q_v}{A_1 - A_2} = \frac{4 q_v}{\pi d^2} \tag{4-9}$$

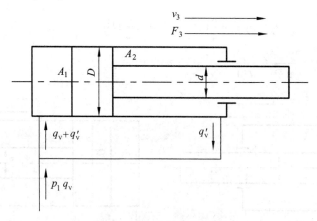

图 4-4 差动连接液压缸

如要使 $v_3 = v_2$（即快进速度与快退速度相等），则有 $D = \sqrt{2} d$。

由此可知，差动连接时液压缸的推力比非差动连接时小，速度比非差动连接时大。正好利用这一点，可使在不加大油源流量的情况下，得到较快的运动速度，这种连接方式被广泛应用于组合机床液压动力滑台和其他机械设备的快速运动中。

2. 柱塞式液压缸

柱塞式液压缸是一种单作用液压缸，只能实现单向运动，回程则需要借助其他外力（如弹簧力）来实现。其工作原理如图 4-5（a）所示，柱塞与工作部件连接，缸筒固定在机体上。当压力油进入缸筒时，推动柱塞带动部件向右运动，但反向退回时必须依靠其他外力或自重驱动。柱塞式液压缸若需要实现双向运动，则必须成对使用，如图 4-5（b）所示。

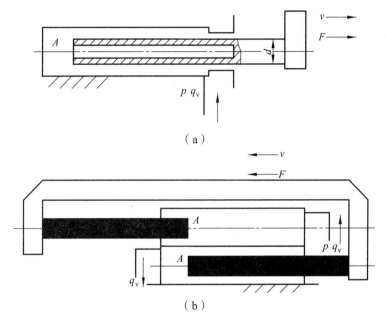

（a）

（b）

图 4-5　柱塞式液压缸

柱塞式液压缸输出的推力和速度分别为

$$F = \frac{\pi}{4} d^2 p \qquad (4\text{-}10)$$

$$v = \frac{4 q_v}{\pi d^2} \qquad (4\text{-}11)$$

柱塞式液压缸的主要特点是柱塞与缸筒无配合要求，缸筒内孔不需精加工，甚至可以不加工。运动时，由缸盖上的导向套来导向，所以它特别适合用在行程较长的场合，常用于行程很长的龙门刨床、导轨磨床和大型拉床等设备的液压系统中。

柱塞式液压缸一般垂直安装使用。在水平安装时，为防止柱塞因自重下垂，常制成空心状。

3. 摆动式液压缸

摆动式液压缸也称摆动马达，不仅能输出转矩和角速度（或转速），还能输出小于 360°的往复摆动运动。

摆动式液压缸有单叶片和双叶片两种结构形式。图 4-6（a）所示为单叶片式摆动液压缸，它的摆动角度较大，可达 300°；图 4-6（b）所示为双叶片式摆动液压缸，它的摆动角度较小，一般不超过 150°，它的输出转矩是单叶片式的两倍，而角速度则是单叶片式的一半。

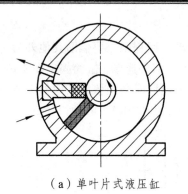

（a）单叶片式液压缸　　　　　　　　　　（b）双叶片式液压缸

图 4-6　摆动式液压缸

摆动式液压缸一般用于机床和工件夹具的夹紧装置、送料装置、转位装置、周期性进给机构等中低压系统及工程机械。

摆动式液压缸的特点是结构紧凑，输出转矩大，密封性较差。

4. 其他液压缸

（1）增压液压缸。

增压液压缸又称增压器，它是利用活塞和柱塞有效面积的不同使液压系统中的局部区域获得高压。增压缸的工作原理如图 4-7 所示，当输入活塞缸的液体压力为 p_1、活塞直径为 D、柱塞直径为 d 时，柱塞式液压缸中输出的液体压力 p_2 为高压，其值为

$$p_2 = p_1 \left(\frac{D}{d} \right)^2 \tag{4-12}$$

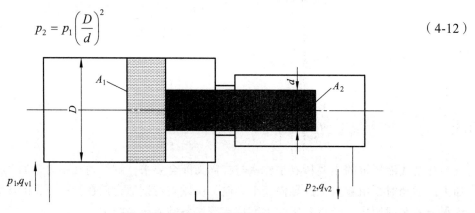

图 4-7　增压缸工作原理图

显然增压能力也是在降低有效能量的基础上得到的，也就是说增压缸仅仅是增大输出的压力，而并不能增大输出的能量。值得注意的是，增压缸只能将高压端输出油通入其他液压缸，其本身不能直接作为执行元件。

增压缸常用于压铸机、造型机等设备的液压系统中。

（2）伸缩缸。

伸缩缸由两级或多级活塞缸套装而成，如图 4-8 所示。前一级活塞缸的活塞杆内孔是后一级活塞缸的缸筒，伸出时可获得很长的工作行程，缩回时可保持很小的结构尺寸。伸缩缸被广泛应用于行走机械，如自卸汽车举升缸、起重机伸缩臂缸等。

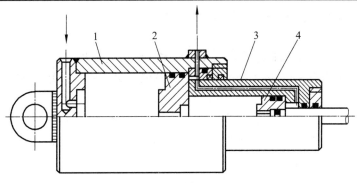

图 4-8　伸缩缸

1——一级缸筒；2——一级活塞；3—二级缸筒；4—二级活塞

伸缩缸的外伸动作是逐级进行的。首先是最大直径的缸筒以最低的油液压力开始外伸，当到达行程终点时，稍小直径的缸筒开始外伸，直径最小的末级缸筒最后伸出。随着工作级数变大，外伸缸筒直径越来越小，工作油液压力随之升高，工作速度变快。

伸缩缸活塞伸出的顺序是先大后小，推力为先大后小，伸出速度为先慢后快。伸缩缸活塞缩回的顺序是先小后大，缩回速度是先快后慢。

伸缩缸的特点是：伸出时行程大，收缩后结构紧凑。

（3）齿轮缸。

图 4-9 所示为齿轮液压缸，又称无杆活塞缸。它由带有齿条杆的双活塞缸和齿轮齿条机构组成。这种液压缸的特点是将活塞的移动经齿轮齿条传动装置变成齿轮的转动，用于实现工作部件的往复摆动或间歇进给运动。齿轮缸常用于机械手、磨床的进给机构、回转工作台的转位机构和回转夹具等。

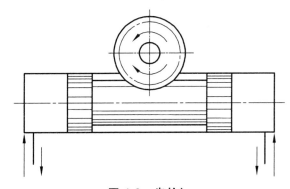

图 4-9　齿轮缸

4.2　液压缸的设计

液压缸是液压传动的执行元件，它和主机工作机构有直接的联系，对于不同的机种和机构，液压缸具有不同的用途和工作要求。因此，在设计液压缸时，需根据使用要求选择结构类型；按负载情况、运动要求、最大行程等确定工作压力及主要工作尺寸，进行强度和稳定性校核；最后再进行结构设计。

4.2.1　液压缸设计中应注意的问题

（1）尽量使活塞杆在受拉状态下承受最大负载，或在受压状态下具有良好的纵向稳定性。

（2）尽量考虑液压缸行程终了处的制动问题和液压缸的排气问题。缸内如无缓冲装置和排气装置，系统中需要有相应的措施，但是并非所有的液压缸都要考虑这些问题。

（3）正确确定液压缸的安装、固定方式。液压缸只能一端定位。

（4）液压缸各部分的结构需要根据推荐的结构形式和设计标准进行设计，尽可能做到结构简单、紧凑，加工、装配和维修方便。

4.2.2　主要尺寸的确定

1. 工作压力 p

液压元件的额定压力是指在指定的运转条件下，液压件能长期正常工作的压力。液压件的工作压力是指在系统中所承受的压力。若系统的额定压力已经确定，则取系统压力为设计压力；若系统的额定压力尚未确定，则根据工作负载或者根据设备的类型采用类比法选取。

2. 缸筒内径 D

根据负载的大小来选定工作压力或往返运动速度比，求得液压缸的有效工作面积，从而得到缸筒内径 D，再根据国家标准中选取最近的标准值作为所设计的缸筒内径。

根据负载和工作压力的大小确定 D 的方法如下：

无杆腔进油时，由 $F_2 = \dfrac{\pi}{4} D^2 p_1 - \dfrac{\pi}{4}(D^2 - d^2) p_2$ 得

$$D = \sqrt{\frac{4F_1}{\pi(p_1 - p_2)} - \frac{d^2 p_2}{p_1 - p_2}} \qquad (4\text{-}13)$$

若　　　　　　　　　$p_2 = 0$

则　　　　　　　　　$D = \sqrt{\dfrac{4F_1}{\pi p_1}}$ 　　　　　　　　　　$(4\text{-}14)$

有杆腔进油时，同理可得

$$D = \sqrt{\frac{4F_2}{\pi(P_1 - P_2)} - \frac{d^2 p_1}{p_1 - p_2}} \qquad (4\text{-}15)$$

若　　　　　　　　　$p_2 = 0$

则　　　　　　　　　$D = \sqrt{\dfrac{4F_2}{\pi p_1} + d^2}$ 　　　　　　　　$(4\text{-}16)$

计算所得的液压缸内径 D 应圆整为标准系列。

3. 活塞杆外径 d

活塞杆外径 d 根据工作压力或设备类型选取，如表 4-1 和表 4-2 所示。当往复速度比有一定要求时，也可由式（4-17）计算得出，速度比为 λ_v 时，可根据表 4-3 选取。

$$d = D \cdot \sqrt{\frac{\lambda_v - 1}{\lambda_v}} \tag{4-17}$$

计算所得的活塞杆外径 d 也应圆整为标准系列。

表 4-1　液压缸工作压力与活塞杆直径

工作压力/MPa	≤5	5～7	>7
活塞杆直径 d	（0.5～0.55）D	（0.6～0.7）D	0.7D

表 4-2　设备类型与活塞杆直径

设备类型	磨床、珩磨、研磨机	插、拉、刨床	钻、镗、铣床
活塞杆直径 d	（0.2～0.3）D	0.5D	0.7D

表 4-3　液压缸往复速度比推荐值

工作压力/MPa	≤10	12.5～20	>20
速度比 λ_v	1.33	1.46～2	2

4. 缸筒长度 l

液压缸的缸筒长度 l 由最大工作行程决定，一般最好不超过其内径的 20 倍。

4.2.3　强度和稳定性校核

液压缸的强度和刚度校核包括缸壁强度、活塞杆强度和压杆稳定性及螺纹强度等内容。

1. 缸体的壁厚校核

在中、低压系统中，液压缸的壁厚往往由结构、工艺上的要求来确定，一般不作计算。只有在压力较高和直径较大时，才有必要校核缸壁最薄处的壁厚强度。

（1）薄壁圆筒。

当缸体内径 D 和壁厚 δ 之比，即 $D/\delta \geqslant 10$ 时，称为薄壁缸体，按下式校核：

$$\delta \geqslant \frac{p_y D}{2[\delta]} \tag{4-18}$$

式中　　δ——缸体的壁厚；

p_y——缸体的实验压力，当缸体额定压力 $p_n \leqslant 16\,\text{MPa}$ 时，取 $p_y = 1.5 p_n$；当额定压力 $P_n > 16\,\text{MPa}$ 时，取 $p_y = 1.25 p_n$；

D——缸体内径；

$[\sigma]$ ——缸体材料的许用应力，可查手册。

（2）厚壁圆筒。

当缸体壁较厚时，即 $D/\delta < 10$ 时，可按下式校核：

$$\delta \geqslant \frac{D}{2}\left(\frac{[\sigma]+0.4P_y}{[\sigma]-1.3p_y}-1\right) \tag{4-19}$$

2. 活塞杆强度及稳定性校核

（1）活塞杆强度校核。

活塞杆强度按下列公式校核：

$$d \geqslant \sqrt{\frac{4F}{\pi[\sigma]}} \tag{4-20}$$

式中　$[\sigma]$ ——材料许用应力；

　　　F ——活塞所受载荷；

　　　d ——活塞杆直径。

其中 $[\sigma]=\dfrac{\sigma_b}{n}$ ，σ_b 为材料抗拉强度，n 为安全系数，$n=1.4$。

（2）稳定性校核。

当活塞杆长径比 $l/d \geqslant 10$ 时（长度和直径之比）称为细长杆，对其受压时，轴向力超过某一临界值时会失去稳定性，因此进行稳定性校核。活塞杆受载荷 F 应小于临界稳定载荷 F_K，即

$$F \leqslant \frac{F_K}{n_K} \tag{4-21}$$

式中　n_K ——安全系数，一般取 $2\sim4$。

当细长比 $l/K \geqslant m\sqrt{n}$ 时，可按欧拉公式计算：

$$F_K \leqslant \frac{n\pi^2 EJ}{l^2} \tag{4-22}$$

当细长比 $l/K \geqslant m\sqrt{n}$ 时，可按欧拉公式计算：

$$F_K = \frac{f_e A}{1+\dfrac{a}{n}\left(\dfrac{1}{K}\right)^2} \tag{4-23}$$

式中　n ——末端条件系数；

　　　E ——材料弹性模量，对于钢 $E=2.1\times10^{11}\,\text{Pa}$；

　　　J ——截面转动惯量（实心杆）；

　　　l ——活塞杆计算长度；

　　　K ——活塞杆截面回转半径；

A —— 活塞杆截面面积；

f_e —— 材料强度实验值；

m —— 柔变系数。

3. 固定螺栓直径强度校核

液压缸与缸筒连接螺栓需进行强度校核，其拉应力为

$$\sigma = \frac{KF}{\frac{\pi}{4}d_1^2 z} \tag{4-24}$$

剪切应力为

$$\tau = \frac{KK_1 Fd}{0.2 d_1^3 z} \approx 0.47\sigma \tag{4-25}$$

合成应力为

$$\sigma_n = \sqrt{\sigma^2 + 3\tau^2} \approx 1.3\sigma \tag{4-26}$$

则

$$\sigma_n < [\sigma] = \frac{\sigma_s}{n} \tag{4-27}$$

式中　F —— 液压缸最大载荷；

　　　K —— 螺纹预紧系数，一般取 1.2 ~ 2.5；

　　　K_1 —— 螺纹内摩擦系数；

　　　d —— 螺纹直径；

　　　d_1 —— 螺纹内径；

　　　z —— 螺栓个数；

　　　$[\sigma]$ —— 材料许用应力；

　　　σ_s —— 材料屈服极限；

　　　n —— 安全系数，一般取 1.2 ~ 2.5。

4.2.4　液压缸的结构设计

以单杆活塞式液压缸为例，液压缸的结构可从活塞与活塞杆、缸筒与缸盖、密封装置、缓冲装置和排气装置 5 个基本部分来进行分析设计。

1. 活塞与活塞杆

活塞受液压力的作用，在缸体内做往复运动，因此必须有一定的强度和耐磨性，它常用耐磨铸铁制造。活塞结构分为整体式和组合式，它与活塞杆的连接形式和优缺点如表 4-4 所示。

表 4-4　活塞与活塞杆的连接

连接形式	整体式		销连接	
图例				
特性	优点： 1. 结构简单 2. 轴向尺寸小	缺点： 磨损后需整体更换，因此成本高	优点： 1. 工艺简单 2. 装配方便	缺点： 1. 承载能力小 2. 需有防脱落的措施
连接形式	半环连接		螺纹连接	
图例				
特性	优点： 1. 拆卸方便 2. 连接可靠 3. 承载能力大，耐冲击	缺点： 结构复杂	优点： 1. 结构简单 2. 连接稳固	缺点： 需有防松措施

活塞杆是连接活塞和工作部件的传力零件，要有足够的强度、刚度。活塞杆要在导向套内做往复运动，在其外圆柱表面要耐磨和防锈，故其表面有时采用镀铬工艺。

2. 缸筒和缸盖

缸筒和缸盖组件不仅构成了液压缸的密封容积，同时也要承受很大的液压力，所以缸筒和缸盖组件要有足够的强度、刚度和可靠的密封性。

（1）缸筒与缸盖的连接形式。

缸筒与缸盖常见的连接形式及优缺点如表 4-5 所示。

表 4-5　缸筒与缸盖的连接

连接形式	法兰连接		螺纹连接	
图例				
特性	优点： 1. 结构简单 2. 加工方便 3. 便于拆卸	缺点： 1. 连接端部大 2. 外部尺寸大	优点： 1. 质量较轻 2. 外形尺寸小 3. 结构紧凑	缺点： 1. 端部结构复杂 2. 削弱了缸体强度

续表

连接形式	半环连接		拉杆连接	
图例				
特性	优点： 1. 结构简单 2. 工艺性好 3. 易于拆卸	缺点： 键槽削弱了缸体强度	优点： 1. 结构简单 2. 工艺性好 3. 适用性强	缺点： 1. 质量重，体积大 2. 拉杆受力影响密封
连接形式	钢丝连接		焊接	
图例				
特性	优点： 1. 结构简单 2. 尺寸小 3. 质量轻	缺点： 1. 拆卸不方便 2. 承载能力小	优点： 1. 结构简单 2. 尺寸小	缺点： 1. 焊接后变形 2. 局部有硬化 3. 内径不易加工

（2）缸筒、端盖和导向套。

缸筒是液压缸的主体，其内孔一般采用镗削、磨削、研磨或滚压等精密加工方法，表面粗糙度 R_a 值为 0.1～0.4 μm，以保证活塞及密封件、支承件顺利滑动，减少磨损。缸筒要承受很大的液压力，既要保证密封可靠，又要使连接有足够的强度，因此设计时要选择工艺性好的连接结构。

导向套对活塞起支撑和导向作用，要求其所用材料耐磨，有足够的长度。有些缸不设导向套，直接用端盖孔导向，这种结构简单，但磨损后要更换端盖。

缸筒、端盖和导向套材料的选择和技术要求参考有关手册。

3. 缓冲装置

液压缸一般都设置缓冲装置，特别是对大型、高速或要求高的液压缸。为了防止活塞在行程终端时和缸盖相互撞击，产生很大的噪声、冲击，严重影响机械精度，则必须设置缓冲装置。

缓冲装置的工作原理是利用活塞或缸筒在其走向行程终端时，封住活塞和缸盖之间的部分油液，强迫它从小孔或细缝中挤出以产生很大的阻力，使工作部件受到制动，逐渐减慢运动速度，达到避免活塞和缸盖相互撞击的目的。

常见的缓冲装置主要有以下几种。

（1）圆柱形环隙式缓冲装置。

如图 4-10（a）所示，当缓冲柱塞 A 进入缸盖上的内孔时，缸盖和活塞间形成环形缓冲

油腔 B，被封闭的油液只能经环形间隙 δ 排出，产生缓冲压力，从而实现减速缓冲。这种装置在缓冲过程中，由于回油通道的节流面积不变，故缓冲开始时产生的缓冲制动力很大，其缓冲效果较差，液压冲击较大，且实现减速所需行程较长。但这种装置结构简单，便于设计和降低成本，所以在一般系列化的成品液压缸中多采用这种缓冲装置。

（2）圆锥形环隙式缓冲装置。

如图 4-10（b）所示，由于缓冲柱塞 A 为圆锥形，所以缓冲环形间隙 δ 随位移量的不同而改变，即节流面积随缓冲行程的增大而缩小，使机械能的吸收较均匀，其缓冲效果较好，但仍有液压冲击。

（3）可变节流槽式缓冲装置。

如图 4-10（c）所示，在缓冲柱塞 A 上开有三角节流沟槽，节流面积随着缓冲行程的增大而逐渐减小，其缓冲压力变化较平缓。

（4）可调节流孔式缓冲装置。

如图 4-10（d）所示，当缓冲柱塞 A 进入缸盖内孔时，回油口被柱塞堵住，只有通过节流阀 C 回油。调节节流阀的开度，可以控制回油量，从而控制活塞的缓冲速度。当活塞反向运动时，压力油通过单向阀 D 很快进入液压缸内，并作用在活塞的整个有效面积上，故活塞不会因推力不足而产生启动缓慢现象。这种缓冲装置可以根据负载情况调节节流阀开度的大小，改变缓冲压力的大小，因此适用范围较广。

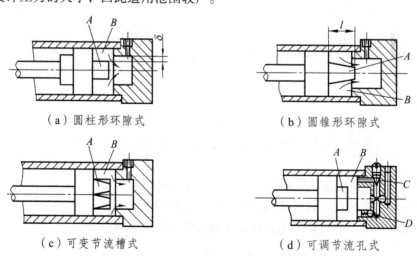

（a）圆柱形环隙式　　　　　　　　（b）圆锥形环隙式

（c）可变节流槽式　　　　　　　　（d）可调节流孔式

图 4-10　常见的缓冲方式

A—缓冲柱塞；B—环形缓冲油腔；C—节流阀；D—单向阀；δ—环形间隙

4. 排气装置

液压缸在安装过程中或长时间停放重新工作时，液压缸里和管道系统中会渗入空气，为了防止执行元件出现爬行、噪声和发热等不正常现象，需把缸中和系统中的空气排出。一般可在液压缸的最高处设置进、出油口，把气带走；对于速度稳定性要求较高的液压缸或大型液压缸，常在液压缸两侧面的最高位置处（该处往往是空气聚集的地方）设置专门的排气装置（见图 4-11），如排气塞、排气阀等。

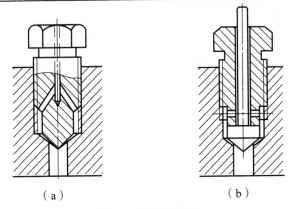

（a）　　　　　　　　　　　（b）

图 4-11　排气装置

当松开排气塞螺钉后，让液压缸全行程空载往复运动若干次，带有气泡的油液就会排出。然后再拧紧排气塞螺钉，液压缸即可正常工作。

4.3　液压马达

液压马达是液压执行元件，是将液体的压力能转换为机械能的能量转换装置。从工作方面讲液压马达与液压泵是可逆的，但因其功用不同，实际结构也有所不同。

4.3.1　液压马达的分类及图形符号

液压马达与液压泵的工作原理是可逆的，所以分类方法基本相同。

按其结构类型来分，可分为齿轮式、叶片式、柱塞式和其他形式；按其排量是否可调，可分为变量式和定量式；按其转速高低，可分为高速液压马达（高于 500 r/min）和低速液压马达（低于 500 r/min）。

各种液压马达的图形符号如图 4-12 所示。

（a）单向定量马达　（b）单向变量马达　（c）双向定量马达　（d）双向变量马达　（e）摆动式液压马达

图 4-12　液压马达的图形符号

4.3.2　液压马达的工作原理及应用

液压马达种类很多，其结构与同类型液压泵也很相似，现以叶片式和轴向柱塞式为例介绍液压马达的工作原理。

1. 叶片式液压马达

图 4-13 为双作用叶片式液压马达工作原理图。当压力油以配油窗口通入进油腔后，叶片 2、6 在进油腔，4、8 在回油腔，叶片两边所受作用力相等，不产生转矩，而叶片 3、7 和 1、5 处在封油区，一面为高压油作用，但叶片 3、7 的伸出量比叶片 1、5 长，虽然压力一样，但因作用面积不同，作用于叶片 3、7 的总液压力比作用于叶片 1、5 的总液压力大，转子因而产生顺时针转动。输出转矩大小与排量和进出口压差有关。这样，就把油液的压力能转变成了机械能，这就是叶片马达的工作原理。

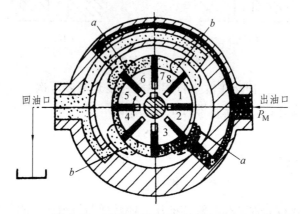

图 4-13 叶片式液压马达工作原理图

为满足正、反转的要求，叶片沿径向安放，无倾角，进、回油口通径一样大，叶片根部必须与油腔相通，使叶片与定子内表面接触紧密。为保证接触良好，在叶片根部的压力油路上应安装单向阀，并在根部安装预紧弹簧。

其主要优点是体积小，转动惯量小，转速高，动作灵敏，易启动和制动，便于调速和换向；但缺点是启动转矩较低，泄漏量大，低速稳定性差，适用于换向频繁、高转速、低转矩和动作要求灵敏的场合。

2. 轴向柱塞液压马达

轴向柱塞液压马达在机床液压系统中应用较多，其结构和轴向柱塞泵基本相同。如图 4-14 所示为斜盘式轴向柱塞马达工作原理图。斜盘 1 和配流盘 4 固定不动，转子（缸体）2 和液压马达传动轴用键相连，并一起转动。斜盘 1 与缸体二者轴线倾斜夹角为 γ，柱塞 3 轴向安装在缸体 2 内。当压力油通过配流盘窗口输入到缸体柱塞孔中时，压力油对柱塞产生作用力，将柱塞顶出，紧紧顶在斜盘端面上。斜盘给每个柱塞的反作用力 F 是垂直于斜盘端面的，压力分解为 2 个分力，即轴向分力 F_x 与柱塞上液压推力相平衡，另一个径向分力 F_y 与柱塞轴线垂直，且对缸体轴线产生转矩，从而驱动马达轴逆时针转动，输出转矩和转速。改变输油方向，液压马达顺时针转动。改变倾角就可改变排量，成为变量马达。

轴向分力为

$$F_x = \frac{\pi}{4} d^2 p \qquad\qquad (4\text{-}28)$$

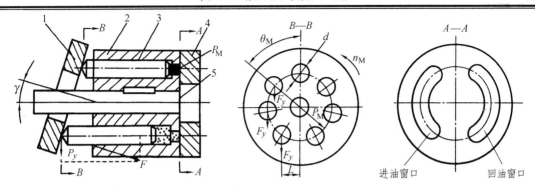

图 4-14　轴向柱塞马达工作原理图

1—斜盘；2—缸体；3—柱塞；4—配流盘；5—轴

径向分力为

$$F_y = F_x \tan \gamma = \frac{\pi}{4} d^2 p \tan \gamma \qquad （4-29）$$

式中　d —— 柱塞直径，mm；

　　　p —— 工作压力，MPa。

径向分力 F_y 使处于压油区的每个柱塞对缸体轴线产生一个转矩，其大小由柱塞在进油区所处的位置决定。这些转矩的总和驱动缸体带动液压马达输出油液和转矩做逆时针旋转，则瞬时转矩为

$$T_{M1} = F_y L = \frac{\pi}{4} d^2 p \tan \gamma R \sin \theta_M \qquad （4-30）$$

而总理论转矩为所有与进油口相同的柱塞转矩之和，即

$$T_{MT} = \sum \left(\frac{\pi}{4} d^2 p \tan \gamma R \sin \theta_M \right) \qquad （4-31）$$

由式（4-30）、（4-31）知，转矩是随柱塞转角 θ 的变化而变化，即总转矩是脉动的。柱塞数越多且柱塞数为单数时，脉动越小。其结构与柱塞泵基本相同。但为适应正、反转要求，配油盘应做成对称结构，进、回油口通径相等，以避免影响马达的正、反转性能。

4.3.3　液压马达的主要性能参数

1. 压力、排量和流量

压力、排量、流量均是指液压马达进油口处的输出值，它们的定义与液压泵相同。

2. 转数及容积效率

与液压泵不同，液压马达中输入的实际流量因泄漏等损失要比理论流量大，所以容积效率为

$$\eta_{MV} = \frac{q_{Mt}}{q_M} = \frac{V_M n_M}{V_M n_M + \Delta q_M} \qquad （4-32）$$

式中　q_{Mt} —— 液压马达理论流量；

　　　q_M —— 液压马达实际流量。

液压马达的转速 n_M 为

$$n_M = \frac{q_M}{V_M} \eta_{MV} \tag{4-33}$$

式中　V_M —— 液压马达排量。

在实际工程中，液压马达转速和液压泵的转速一样，计算单位也用 r/min 表示。

当马达转速过低时，就无法保证均匀的速度，转动时产生时动时停的不稳定状态，即为爬行现象。一般要求高速马达最低转速为 10 r/min 以下，低速马达最低转速为 3 r/min 以下。

3. 转矩和机械效率

进入马达的流量通过传动轴输出转矩。但实际上因机械摩擦损失，使马达的实际输出转矩要比理论输出转矩小，所以机械效率为

$$\eta_{Mm} = \frac{T_M}{T_{Mt}} = \frac{2\pi T_M}{P_M V_M} \tag{4-34}$$

输出转矩为

$$T_M = T_{Mt} \eta_{Mm} = \frac{p_M V_M}{2\pi} \eta_{Mm} \tag{4-35}$$

式中　T_M —— 马达实际输出转矩；

　　　T_{Mt} —— 马达理论转矩；

　　　p_M —— 马达输入工作压力。

4. 液压马达功率和总效率

液压马达输入功率为液压能，输出功率为机械能。

输入功率：

$$P_M = p_M q_M \tag{4-36}$$

输出功率：

$$P_{MO} = \omega T_M = 2\pi \eta_M T_M \tag{4-37}$$

若不考虑能量损失则二者相等，但实际是有损失的，所以液压马达的总效率为

$$\eta_M = \frac{P_{MO}}{P_M} = \frac{2\pi n_M T_M}{p_M q_M} \tag{4-38}$$

因为 $q_M = \dfrac{V_M n_M}{\eta_{MV}}$，代入式（4-38）得总效率：

$$\eta_M = \frac{2\pi n_M T_M}{P_M \dfrac{V_M n_M}{\eta_{MV}}} = \eta_M \eta_{MV} \tag{4-39}$$

由式（4-39）可以看出，液压马达总效率和液压泵相同，也是机械效率和容积效率的乘积。

例 4.1 某液压马达的进油压力为 10 MPa，排量为 200×10^{-3} L/r，总效率为 0.75，机械效率为 0.9，试计算：

（1）该马达能输出的理论转矩。

（2）若马达的转速为 500 r/min，则输入马达的流量是多少？

（3）若外负载为 200 N·m（$n = 500$ r/min）时，马达的输入功率和输出功率各为多少？

解：（1）理论转矩为

$$T_t = \frac{pV}{2\pi} = \frac{10 \times 10^6 \times 200 \times 10^{-3} \times 10^{-3}}{2\pi} = 318.3 \,(\text{N·m})$$

（2）转速 $n = 500$ r/min 时，马达的理论流量为

$$q_t = Vn = 200 \times 10^{-3} \times 500 = 100 \,(\text{L/min})$$

因为容积效率为

$$\eta_{mV} = \frac{\eta}{\eta_{Mm}} = \frac{0.75}{0.9} = 0.83$$

所以输入流量为

$$q = \frac{q_t}{\eta_{mV}} = \frac{100}{0.83} = 120.5 \,(\text{L/min})$$

（3）压力为 10 MPa 时，它输出的实际转矩为 $318.3 \times 0.9 = 286.5$ (N·m)。若外负载为 200 N·m，压力差（即马达进口压力）将下降，不是 10 MPa，而是

$$\frac{200 \times 10 \times 10^6}{286.5} = 6.98 \times 10^6 \,(\text{Pa})$$

所以，此时马达的输入功率为

$$p_{Mt} = \frac{p_M V_n}{\eta_{mV}} = \frac{6.98 \times 10^6 \times 200 \times 10^6 \times 500}{60 \times 0.83 \times 1\,000} = 14 \,(\text{kW})$$

输出功率为

$$P = p_{Mt}\eta = 14 \times 0.75 = 10.5 \,(\text{kW})$$

4.4 液压缸、液压马达的使用与维护

4.4.1 液压缸的使用与维护注意事项

（1）液压缸使用工作油的黏度为 29～74 mm²/s，工作油温为 −20～+80 ℃。在环境温度和使用温度较低时，可选择黏度较低的油液。如有特殊要求，需单独注明。

（2）液压缸要求系统过滤精度不低于 80 μm，要严格控制油液污染，保持油液的清洁，定期检查油液的性能，并进行必要的精细过滤和更换新的工作油液。

（3）液压缸只能一端固定，另一端自由，以使热胀冷缩不受限制。

（4）安装时，要保证活塞杆顶端连接头的方向应与缸头、耳环（或中间铰轴）的方向一致，并保证整个活塞杆在进退过程中的直线度，防止出现刚性干扰现象，造成不必要的损坏。

（5）液压缸若发生漏油等故障需要拆卸时，应用液压力使活塞的位置移动到缸筒的任何一个末端位置，拆卸中应尽量避免不合适的敲打以及突然掉落。

（6）在拆卸之前，应松开溢流阀，使液压回路的压力降低为零。然后切断电源使液压装置停止运转，松开油口配管后，应用油塞塞住油口。

（7）液压缸不能作为电极使用，以免电击损伤活塞杆。

4.4.2　液压缸的常见故障及排除方法

液压缸的常见故障及排除方法如表 4-6 所示。

表 4-6　液压缸的常见故障及排除方法

故障现象	产生原因	排除方法
爬行	1. 外界空气进入缸内； 2. 密封压得太紧； 3. 活塞与活塞杆不同轴； 4. 活塞杆弯曲变形； 5. 缸筒内壁拉毛，局部磨损严重或腐蚀； 6. 安装位置有误差； 7. 双活塞杆两端螺母拧得太紧； 8. 导轨润滑不良	1. 开动系统，打开排气塞（阀）强迫排气； 2. 调整密封，保证活塞杆能用手拉动且试车时无泄漏即可； 3. 校正或更换，使同轴度小于 0.04 mm； 4. 校正活塞杆，保证直线度小于 0.1/1 000； 5. 适当修理，严重者重磨缸孔，按要求重配活塞； 6. 校正； 7. 调整； 8. 适当增加导轨润滑油量
推力不足、速度不够或逐渐下降	1. 缸与活塞配合间隙过大或 O 形密封圈破坏； 2. 工作时经常用某一段，造成局部几何形状误差增大，产生泄漏； 3. 缸端活塞杆密封压得过紧，摩擦力太大； 4. 活塞杆弯曲，使运动阻力增加	1. 更换活塞或密封圈，调整到合适间隙； 2. 镗磨修复缸孔内径，重配活塞； 3. 放松、调整密封； 4. 校正活塞杆
冲击	1. 活塞与缸筒间用间隙密封时，间隙过大，节流阀失去作用； 2. 端部缓冲装置中的单向阀失灵，不起作用	1. 更换活塞，使间隙达到规定要求，检查缓冲节流阀； 2. 修正、配研单向阀与阀座或更换
外泄漏	1. 密封圈损坏或装配不良使活塞杆处密封不严； 2. 活塞杆表面损伤； 3. 管接头密封不严； 4. 缸盖处密封不良	1. 检查并更换或重装密封圈； 2. 检查并修复活塞杆； 3. 检查并修整； 4. 检查密封圈及接触面

4.4.3　液压马达的使用与维护注意事项

液压马达的日常使用与维护方法与液压泵相近。

4.4.4　液压马达的常见故障及排除方法

液压马达的常见故障与排除方法如表 4-7 所示。

表 4-7　液压马达的常见故障及排除方法

故障现象		产生原因	排除方法
转速低转矩小	液压泵供油量不足	1. 电动机转速不够； 2. 吸油过滤器滤网堵塞； 3. 油箱中油量不足或吸油管径过小造成吸油困难； 4. 密封不严，不泄漏，空气侵入内部； 5. 油的黏度过大； 6. 液压泵轴向及径向间隙过大，内泄增大	1. 找出原因，进行调整； 2. 清洗或更换滤芯； 3. 加足油量，适当加大管径，使吸油通畅； 4. 拧紧有关接头，防止泄漏或空气侵入； 5. 选择黏度小的油液； 6. 适当修复液压泵
	液压泵输出不足	1. 液压泵效率太低； 2. 溢流阀调整压力不足或发生故障； 3. 油管阻力过大（管道过长或过细）； 4. 油的黏度较小，内部泄漏较大	1. 检查液压泵故障，并加以排除； 2. 检查溢流阀故障，排除后重新调高压力； 3. 更换孔径较大的管道或尽量减少长度； 4. 检查内泄漏部位的密封情况，更换油液或密封
	液压马达泄漏	1. 液压马达接合面没有拧紧或密封不好，有泄漏； 2. 液压马达内部零件磨损，泄漏严重	1. 拧紧接合面，检查密封情况或更换密封圈； 2. 检查其损伤部位，并修磨或更换零件
	失效	配油盘的支承弹簧疲劳，失去作用	检查、更换支承弹簧
泄漏	内部泄漏	1. 配油盘磨损严重； 2. 轴向间隙过大； 3. 配油盘与缸体端面磨损，轴向间隙过大； 4. 弹簧疲劳； 5. 柱塞与缸体磨损严重	1. 检查配油盘接触面，并加以修复； 2. 检查并将轴向间隙调至规定范围； 3. 修磨缸体及配油盘端面； 4. 更换弹簧； 5. 研磨缸体孔、重配柱塞
	外部泄漏	1. 油端密封，磨损； 2. 盖板处的密封圈损坏； 3. 接合处有污物或螺栓未拧紧； 4. 管接头密封不严	1. 更换密封圈并查明磨损原因； 2. 更换密封圈； 3. 检查、清除并拧紧螺栓； 4. 拧紧管接头
噪声		1. 密封不严，有空气侵入内部； 2. 液压轴被污染，有气泡混入； 3. 联轴器不同心； 4. 液压油黏度过大； 5. 液压马达的径向尺寸严重磨损； 6. 叶片已磨损； 7. 叶片与定子接触不良，有冲撞现象； 8. 定子磨损	1. 检查有关部位的密封，紧固各连接处； 2. 更换清洁的液压轴； 3. 校正同心； 4. 更换黏度较小的油液； 5. 修磨缸孔，重配柱塞； 6. 尽可能修复或更换； 7. 进行修整； 8. 进行修复或更换，如因弹簧过硬造成磨损加剧，则应更换刚度较小的弹簧

思考题

1. 活塞式、柱塞式和伸缩套筒式液压缸在结构上有什么特点？分别应用于什么场合？
2. 怎样计算液压缸的几何尺寸？
3. 以活塞式液压缸为例，说明液压缸的一般结构形式。
4. 简述液压马达的作用和类型。
5. 液压缸的常见故障有哪些？如何排除？

单元 5　液压阀

5.1　液压阀概述

液压阀是用来控制液压系统中油液的流动方向或调节其压力和流量的，因此它可以分为方向阀、压力阀和流量阀三大类。一个形状相同的阀因为作用机制的不同，因而具有不同的功能。压力阀和流量阀利用通流截面的节流作用控制着系统的压力和流量，而方向阀则利用通流通道的更换控制着油液的流动方向。

液压阀的共同特性：一是在结构上，所有的阀都由阀体、阀芯（转阀或滑阀）和驱使阀芯动作的元部件（如弹簧、电磁铁）组成；二是在工作原理上，所有阀的开口大小，阀进、出口间压差以及流过阀的流量之间的关系都符合孔口流量公式，仅是各种阀控制的参数各不相同而已。

由于液压阀的种类繁多，学习时应按照其工作原理分类，先搞清楚各类阀的工作原理，然后掌握其应用，在此基础上归纳总结，分析它们的性能。

本单元的学习重点是各类液压阀的结构、工作原理、在系统中的运用及图形符号，换向阀的换向原理、在系统中的运用及图形符号，先导式溢流阀的工作原理、在系统中的运用及图形符号，减压阀和溢流阀的主要区别，节流阀及调速阀的工作原理、在系统中的运用及图形符号。难点是三位换向阀的中位机能、直动式溢流阀和先导式溢流阀的工作性能及压力流量特性比较、减压阀的工作原理及应用等。

液压阀可按不同的特征进行分类，如表 5-1 所示。

表 5-1　液压阀的分类

分类方法	种　类	详细分类
按机能分类	压力控制阀	溢流阀、顺序阀、卸荷阀、平衡阀、减压阀、比例压力控制阀、缓冲阀、仪表截止阀、压力继电器等
	流量控制阀	节流阀、调速阀、分流阀、比例流量控制阀
	方向控制阀	单向阀、液控单向阀、换向阀、比例方向阀
按操作方法分类	手动阀	手把及手轮、踏板、杠杆
	机动阀	挡块及碰块、弹簧、液压、气动
	电动阀	电磁铁控制、伺服电动机和步进电动机控制
按连接方式分类	管式连接	螺纹式连接、法兰式连接
	板式及叠加式连接	单层连接板式、双层连接板式、整体连接板式、叠加阀
	插装式连接	螺纹式插装（二、三、四通插装阀）、法兰式插装（二通插装阀）
按控制方式分类	电液比例阀	电液比例压力阀、电源比例流量阀、电液比例换向阀、电流比例复合阀、电流比例多路阀
	伺服阀	单级、两级（喷嘴挡板式、动圈式）、三级电液流量伺服阀
	数字控制阀	数字控制，压力控制流量阀与方向阀

对液压阀的基本要求如下：

（1）动作灵敏，使用可靠，工作时冲击和振动小。

（2）油液流过的压力损失小。

（3）密封性能好。

（4）结构紧凑，安装、调整、使用、维护方便，通用性大。

5.2　方向控制阀

方向控制阀用来控制液压系统中油液的流动方向，以满足执行元件运动方向的要求。通过阀芯和阀体间相对位置的改变，来实现油路连通状态的改变，从而控制油液的流动方向。方向控制阀分为单向阀、换向阀等。

5.2.1　单向阀

液压系统中常见的单向阀有普通单向阀和液控单向阀两种。

1．普通单向阀

普通单向阀的作用是使油液只能沿一个方向流动，不许油液反向倒流。图 5-1（a）所示是一种管式普通单向阀的结构。压力油从阀体左端的通口 P_1 流入时，克服弹簧 3 作用在阀芯 2 上的力，使阀芯向右移动，打开阀口，并通过阀芯 2 上的径向孔 a、轴向孔 b 从阀体右端的通口流出；但是压力油从阀体右端的通口 P_2 流入时，它和弹簧力一起使阀芯锥面压紧在阀座上，使阀口关闭，油液无法通过。

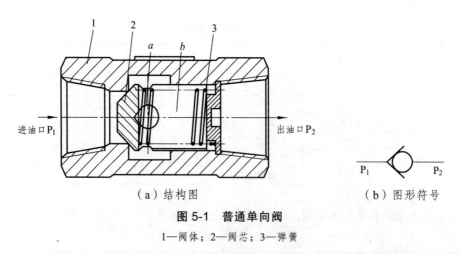

（a）结构图　　　　　　　　　　　　（b）图形符号

图 5-1　普通单向阀

1—阀体；2—阀芯；3—弹簧

单向阀实质上是利用流向所形成的压力差驱使阀芯开启或关闭，允许油液单方向流通，反向则要求密封良好，油液不能通过。

单向阀开启压力一般为 0.035～0.05 MPa，也可以用作背压阀。将软弹簧更换成合适的硬弹簧，就成为背压阀。这种阀常安装在液压系统的回油路上，用以产生 0.2 ~ 0.6 MPa 的背压力。

2. 液控单向阀

图 5-2（a）所示是液控单向阀的结构。当控制口 K 处无压力油通入时，它的工作机制和普通单向阀一样，压力油只能从通口 P_1 流向通口 P_2，不能反向倒流；当控制口 K 有控制压力油时，因控制活塞 1 右侧 a 腔通泄油口，活塞 1 右移，推动顶杆 2 顶开阀芯 3，使通口 P_1 和 P_2 接通，油液就可在两个方向自由通流。

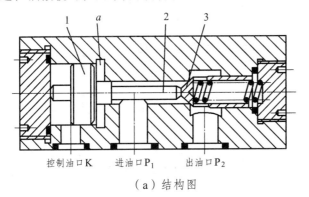

（a）结构图   （b）图形符号

图 5-2 液控单向阀

1—活塞；2—顶杆；3—阀芯

液控单向阀是利用液控活塞控制阀芯的初始位置，再利用液压力与弹簧力对阀芯作用力方向的不同控制阀芯的开闭。液控单向阀既具有普通单向阀的功能，又能够在控制油口通压力油的情况下，反向使油液流通。

液控单向阀有良好的单向密封性，常用于执行元件需要长时间保压、锁紧的立式液压缸的平衡和速度换接回路等情况。

5.2.2 换向阀

换向阀利用阀芯在阀体孔内做相对运动，使油路接通、关断或变换油液流动的方向，从而实现液压执行元件及其驱动机构的启动、停止或变换运动方向。

对换向阀性能的主要要求如下：

（1）油液流经换向阀时，压力损失要小（一般小于 0.3 MPa）。

（2）互不相通的油口间的泄漏小。

（3）换向可靠、迅速且平稳、无冲击。

1. 换向阀的工作原理

图 5-3（a）所示为滑阀式换向阀的工作原理图，当阀芯向右移动一定的距离时，由液压泵输出的压力油从阀的 P 口经 A 口输向液压缸左腔，液压缸右腔的油经 B 口流回油箱，液压缸活塞向右运动；反之，若阀芯向左移动某一距离时，液流反向，活塞也向左运动。图 5-3（b）为其图形符号。

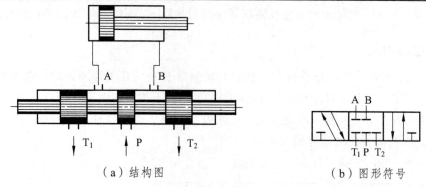

（a）结构图　　　　　　　　　　　　（b）图形符号

图 5-3　换向阀的工作原理示意图

2. 换向阀的分类

换向阀按阀的操纵方式、工作位置数、结构形式和控制的通道数的不同，可分为各种不同的类型。

按位置分，可分为二位、三位；按通道分，可分为二通、三通、四通、五通等；按操纵方式分，可分为手动、机动、电动、液动、电液（见图 5-4）；按安装方式分，可分为管式、板式、法兰式；按阀芯结构分，可分为滑阀、转阀。

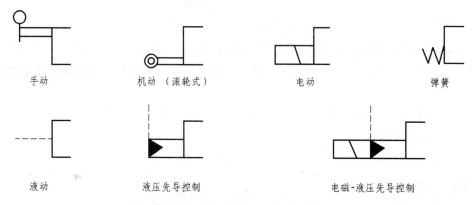

图 5-4　换向阀常用的操作方式

表 5-2 列举了几种常用换向阀的结构原理和图形符号。

表 5-2　换向阀的结构原理和图形符号

名　　称	结构原理图	图形符号
二位二通		
二位三通		

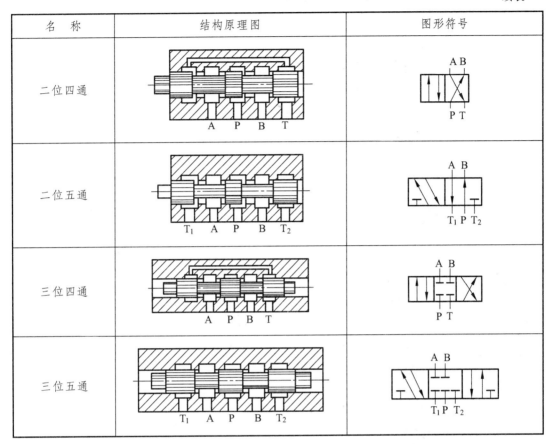

名　称	结构原理图	图形符号
二位四通		
二位五通		
三位四通		
三位五通		

表中图形符号表示的含义如下：

用方框表示阀的工作位置，方框数即"位"数（工作位置数）。

在一个方框内，"箭头"或"⊥"符号与方框的交点数为油口的通路数，即"通"数。

箭头表示两油口连通，并不表示流向；"⊥"或"⊤"表示此油口不通流。

一般来说，用 P 表示压力油的进口，T（有时用 O）表示与油箱连通的回油口，A 和 B 表示连接其他工作油路的油口（称工作油口）。

三位阀的中位及二位阀侧面画有弹簧的那一方框为常态位。在液压原理图中，换向阀的油路连接一般应画在常态位上。二位二通阀有常开型（常态位置两油口连通）和常闭型（常态位置两油口不连通）。

另外，一个换向阀完整的图形符号还应表示出操纵方式、复位方式和定位方式等。

3. 三位换向阀的中位机能

三位换向阀的左、右位通过切换油液的流动方向，来改变执行元件的运动方向。其中位为常态位置，利用中位 P、A、B、T 间通路的不同连接，可获得不同的中位机能，以适应不同的工作要求。表 5-3 列举了三位换向阀的各种中位机能以及它们的作用和特点。

表 5-3　三位四通阀常用的中位机能

形式	符号	中位油口的状况、特点及应用
O 形		P、A、B、T 四口全封闭；液压缸闭锁，可用于多个换向阀并联工作
H 形		P、A、B、T 四口全通；活塞浮动，在外力作用下可移动，泵卸荷
Y 形		P 封闭，A、B、T 口相通；活塞浮动，在外力作用下可移动，泵不卸荷
K 形		P、A、T 口相通，B 口封闭；活塞处于闭锁状态，泵卸荷
M 形		P、T 口相通，A 与 B 口均封闭；活塞闭锁不动，泵卸荷，也可用多个 M 形换向阀并联工作
X 形		四油口处于半开启状态；泵基本上卸荷，但仍保持一定压力
P 形		P、A、B 口相通，T 封闭；泵与缸两腔相通，可组成差动回路
U 形		P 和 T 封闭，A 与 B 相通；活塞浮动，在外力作用下可移动，泵不卸荷

中位机能的选用原则如下：

（1）当系统有保压要求时，宜选用油口 P 是封闭式的中位机能，如 O、Y、U、M 形；这时一个油泵可用于多缸的液压系统；选用油口 P 和油口 O 接通但不畅通的形式，如 X 形，这时系统能保持一定的压力，可供压力要求不高的控制油路使用。

（2）当系统有卸荷要求时，应选用油口 P 与 O 畅通的形式，如 H、K、M 形。这时液压泵可卸荷。

（3）当系统对换向精度要求较高时，应选用工作油口 A、B 都封闭的形式，如 O、M 形。这时液压缸的换向精度高，但换向过程中易产生液压冲击，换向平稳性差。

（4）当系统对换向平稳性要求较高时，应选用工作油口 A、B 都接通 T 口的形式，如 Y

形。这时换向平稳性好，冲击小，但换向过程中执行元件不易迅速制动，换向精度低。

（5）若系统对启动平稳性要求较高时，应选用油口 A、B 都不通 T 口的形式，如 O、P、M 形。这时液压缸某一腔的油液在启动时能起到缓冲作用，因而可保证启动的平稳性。

（6）当系统要求执行元件能浮动时，应选用油口 A、B 相连通的形式，如 U 形。这时可通过某些机械装置按需要改变执行元件的位置（立式液压缸除外）；当要求执行元件能在任意位置上停留时，应选用油口 A、B 都与 P 口相通的形式（差动液压缸除外），如 P 形。这时液压缸左、右两腔作用力相等，液压缸不动。

4．几种常见的换向阀

换向阀根据推动阀芯的移动方式可分为手动换向阀、机动换向阀、电磁换向阀、液动换向阀、电液换向阀等。这些都是常见的换向阀。

（1）手动换向阀。

手动换向阀主要有弹簧复位和钢珠定位两种形式，图 5-5（a）所示为弹簧自动复位式三位四通手动换向阀。通过手柄推动阀芯后，要想维持在极端位置，必须用手扳住手柄不放，一旦松开手柄，阀芯会在弹簧力的作用下，自动弹回中位。图 5-5（b）所示为钢球定位式三位四通手动换向阀，用手操纵手柄推动阀芯相对阀体移动后，可以通过钢球使阀芯稳定在 3 个不同的工作位置上。

手动换向阀适用于动作频繁、工作持续时间短的场合，操作比较安全，常用于工程机械的液压传动系统中。

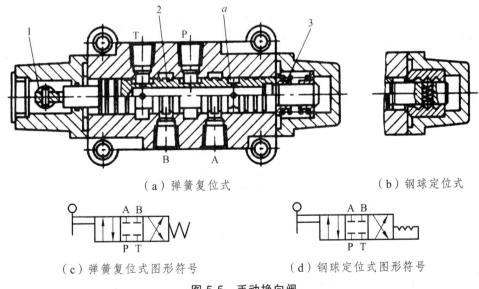

（a）弹簧复位式　　　　　　　　　　　（b）钢球定位式

（c）弹簧复位式图形符号　　　　　　　（d）钢球定位式图形符号

图 5-5　手动换向阀

1—手柄；2—阀芯；3—弹簧

（2）机动换向阀。

机动换向阀又称行程阀，它主要用来控制机械运动部件的行程。它是借助于安装在工作台上的挡铁或凸轮来迫使阀芯移动，从而控制油液的流动方向。机动换向阀通常是二位的，有二通、三通、四通和五通几种，其中二位二通机动阀又分常闭和常开两种。图 5-6（a）所示为滚轮式二位二通常闭式机动换向阀结构图，图 5-6（b）为其图形符号。

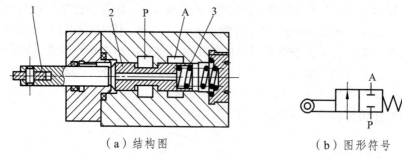

（a）结构图　　　　　　　　（b）图形符号

图 5-6　机动换向阀

1—推杆；2—阀芯；3—弹簧

（3）电磁换向阀。

电磁换向阀是利用电磁铁吸力推动阀芯来改变阀的工作位置。由于它可借助于按钮开关、行程开关、限位开关、压力继电器等发出的信号进行控制，所以操作轻便，易于实现自动化，因此应用十分广泛。

图 5-7 所示为二位三通交流电磁换向阀结构图，在图示位置，油口 P 和 A 相通，油口 B 断开。当电磁铁通电吸合时，推杆 1 将阀芯 2 推向右端，这时油口 P 和 A 断开，而与油口 B 相通；而当电磁铁断电释放时，弹簧 3 推动阀芯复位。

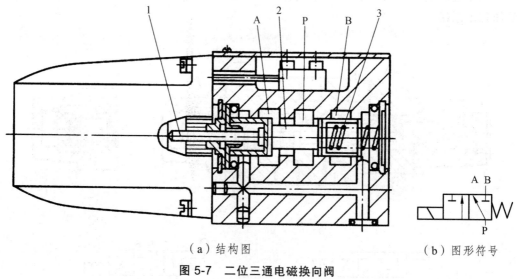

（a）结构图　　　　　　　　（b）图形符号

图 5-7　二位三通电磁换向阀

1—推杆；2—阀芯；3—弹簧

图 5-8 所示为一种三位五通电磁换向阀的结构，电磁阀有 2 个电磁铁。在图示位置，油口 P 和 A、B 均断开。当左、右电磁铁分别通电吸合时，推杆将推动阀芯，这时各油口的通断处于左、右工作位置状态。

电磁铁按使用电源的不同，可分为交流和直流两种；按衔铁工作腔是否有油液，又可分为干式和湿式两种。交流电磁铁的优点是启动力较大，不需要专门的电源，吸合、释放快，动作时间为 0.01 ~ 0.03 s；其缺点是若电源电压下降 15% 以上，则电磁铁吸力明显减少，若衔铁不动作，干式电磁铁会在 10 ~ 15 min 后烧坏线圈（湿式电磁铁为 1 ~ 1.5 h），且冲击及噪声较大，寿命低。因而，在实际使用中交流电磁铁允许的切换频率一般为每分钟 10 次，不得超过每分钟 30 次。直流电磁铁工作较可靠，吸合、释放动作时间为 0.05 ~ 0.08 s，允许使用的切换频率较高，一般可达每分钟 120 次，最高可达每分钟 300 次，且冲击小、体积小、寿命长。但需有专门的直流电源，成本较高。此外，还有一种整体电磁铁，其电磁铁是直流的，但电磁铁本身带有整流器，通入的交流电经整流后再供给直流电磁铁。目前，国外新发明了一种油浸式电磁铁，其衔铁和激磁线圈浸在油液中工作，它具有寿命更长、工作更平稳可靠等特点，但由于造价较高，应用面不广。

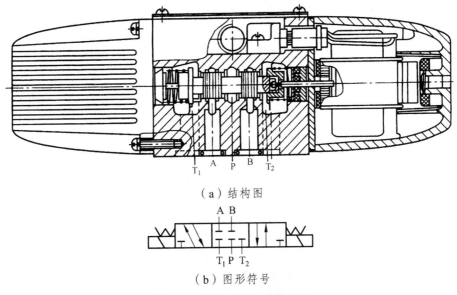

（a）结构图

（b）图形符号

图 5-8　三位五通电磁换向阀

（4）液动换向阀。

液动换向阀是指利用控制油路的压力油来改变阀芯位置的换向阀。阀芯是由其两端密封腔中油液的压差来移动的。如图 5-9（a）所示为三位四通液动阀结构图，当压力油从 K_2 进入滑阀右腔时，K_1 接通回油，阀芯向左移动，使 P 和 B 相通、A 和 T 相通；当 K_1 接通压力油、K_2 接通回油时，阀芯向右移动，使 P 和 A 相通、B 和 T 相通；当 K_1 和 K_2 都接通回油时，阀芯回到中间位置。图 5-9（b）所示为其图形符号。

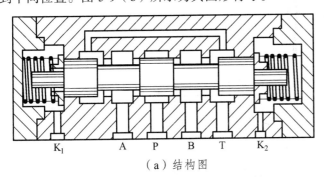
（a）结构图

（b）图形符号

图 5-9　三位四通液动阀

（5）电液换向阀。

在大中型液压设备中，当通过阀的流量较大时，作用在滑阀上的摩擦力和液动力较大，此时电磁换向阀的电磁铁推力相对太小，需要用电液换向阀来代替电磁换向阀。电液换向阀由电磁换向阀和液动换向阀组合而成。电磁换向阀起先导作用，它可以改变控制液流的方向，从而改变液动换向阀阀芯的位置。由于操纵液动换向阀的液压推力可以很大，所以主阀芯的尺寸可以做得很大，允许有较大的油液流量通过。这样用较小的电磁铁就能控制较大的液流。

图 5-10（a）所示为三位四通电液换向阀的结构图，当先导电磁阀左边的电磁铁通电后，使其阀芯向右边位置移动，来自主阀 P 口或外接油口的控制压力油可经先导电磁阀的 A′口和左侧单向阀进入主阀左端容腔，并推动主阀阀芯向右移动，这时主阀阀芯右端容腔中的控制油液可通过右边的节流阀经先导电磁阀的 B′口和 T′口，再从主阀的 T 口或外接油口流回油箱（主阀阀芯的移动速度可由右边的节流阀调节），使主阀 P 与 A、B 和 T 的油路相通；反之，当先导电磁阀右边的电磁铁通电时，可使 P 与 B、A 与 T 的油路相通；当先导电磁阀的两个电磁铁均不带电时，先导电磁阀阀芯在其对中弹簧作用下回到中位，此时来自主阀 P 口或外接油口的控制压力油不再进入主阀芯的左、右两腔，主阀芯左、右两腔的油液通过先导电磁阀中间位置的 A′、B′两油口与先导电磁阀 T′口相通[见图 5-10（b）]，再从主阀的 T 口或外接油口流回油箱。主阀阀芯在两端弹簧的预压力的推动下，依靠阀体定位，准确地回到中位，此时主阀的 P、A、B 和 T 油口均不通。

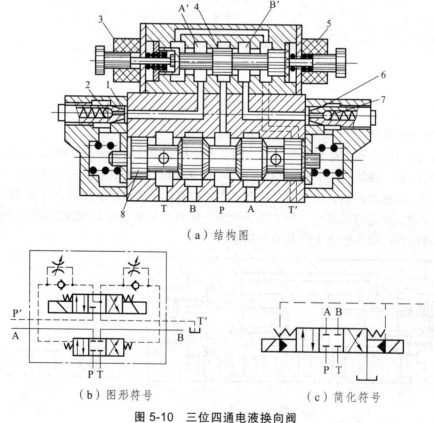

（a）结构图

（b）图形符号　　　　　　　　　　（c）简化符号

图 5-10　三位四通电液换向阀

1，6—节流阀；2，7—单向阀；3，5—电磁铁；4—电磁阀阀芯；8—主阀阀芯

5.3 压力控制阀

在液压传动系统中，控制油液压力高低的液压阀称为压力控制阀，简称压力阀。这类阀的共同点是利用作用在阀芯上的液压力和弹簧力相平衡的原理工作的。

在具体的液压系统中，根据工作需要的不同，对压力控制的要求各不相同。有的需要限制液压系统的最高压力，如安全阀；有的需要稳定液压系统中某处的压力值（压力差、压力比等），如溢流阀、减压阀等定压阀；还有的是利用液压力作为信号控制其动作，如顺序阀、压力继电器等。

5.3.1 溢流阀

1. 溢流阀的基本结构及其工作原理

溢流阀的主要作用是对液压系统定压或进行安全保护。几乎在所有的液压系统中都需用到它，其性能好坏对整个液压系统的正常工作有很大影响。

根据结构不同，溢流阀可分为直动式和先导式两类。

（1）直动式溢流阀。

直动式溢流阀依靠系统中的压力油直接作用在阀芯上与弹簧力相平衡，控制阀芯的启闭动作。

图 5-11 所示为一低压直动式溢流阀。进油口 P 的压力油进入阀体，并经阻尼孔 a 进入阀芯 3 的下端油腔。当进油压力较小时，阀芯在弹簧 2 的作用下处于下端位置，将进油口 P 和与油箱连通的出油口 T 隔开，即不溢流；当进油压力升高、阀芯所受的压力油作用力 pA（A 为阀芯 3 下端的有效面积）超过弹簧的作用力时，阀芯抬起，将油口 P 和 T 连通，使多余的油液排回油箱，即起溢流、定压的作用。阻尼孔 a 的作用是减小油压的脉动，提高阀工作的平稳性。弹簧的压紧力可通过调整螺母 1 调节。

当通过溢流阀的流量变化时，阀口的开度 x 也随之改变，但在弹簧压紧力调好以后作用于阀芯上的液压力不变。因此，当不考虑阀芯自重、摩擦力和液动力的影响时，可以认为溢流阀进口处的压力 p 基本保持为定值。故调整弹簧的压紧力，也就调整了溢流阀的工作压力 p。

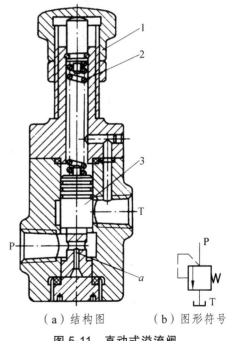

（a）结构图　　（b）图形符号

图 5-11 直动式溢流阀

1—调整螺母；2—弹簧；3—阀芯

直动式溢流阀若控制较高压力或较大流量时，需用刚度较大的硬弹簧，结构尺寸也将较大，造成调节困难，油液压力和流量波动较大。故一般只用于低压小流量系统或作为先导阀使用，而中、高压系统常采用先导式溢流阀。

（2）先导式溢流阀。

先导式溢流阀通过压力油先作用在先导阀芯上与弹簧力相平衡，再作用在主阀芯上与弹簧力相平衡，实现控制主阀芯的启闭动作。

如图 5-12 所示，先导式溢流阀由先导阀和主阀两部分组成。进油口 P 的压力油进入阀体，并经阻尼孔 3 进入阀芯上腔。而主阀芯上腔压力油由先导式溢流阀来调整并控制。当系统压力低于先导阀调定值时，先导阀关闭，阀内无油液流动，主阀芯上、下腔油压相等，因而它在主阀弹簧作用下使阀口关闭，阀不溢流。当进油口 P 的压力升高时，先导阀进油腔油压也升高，直至达到先导阀弹簧的调定压力时，先导阀被打开。主阀芯上腔油液流过先导阀口并经阀体上的孔道和回油口 T 流回油箱。由于阻尼孔 3 的阻尼作用，使主阀芯两端产生压力差，当此压力差大于主阀弹簧 1 的作用力时，主阀芯抬起，实现溢流稳压。调节先导阀的手轮，便可调整溢流阀的工作压力。

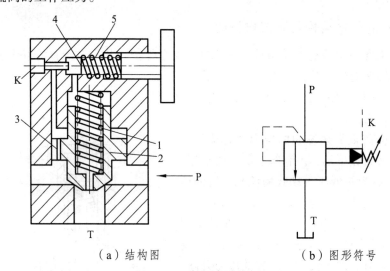

（a）结构图　　　　　　　　　　（b）图形符号

图 5-12　先导式溢流阀

1—主阀弹簧；2—主阀芯；3—阻尼孔；4—导阀阀芯；5—先导阀弹簧

先导式溢流阀有一个远程控制口 K，如果将 K 口用油管接到另一个远程调压阀（远程调压阀的结构和溢流阀的先导控制部分一样），调节远程调压阀的弹簧力，即可调节溢流阀主阀芯上端的液压力，从而对溢流阀的溢流压力实现远程调压。

与直动式溢流阀相比，先导式溢流阀的进口控制压力是由先导阀来决定的。因流经先导阀的流量很小，所以即使是高压阀，其弹簧刚度也不大，阀的压力调整比较方便。主阀弹簧只在阀口关闭时起复位作用，弹簧力很小。所以主阀弹簧刚度也很小，当溢流量变化引起弹簧压缩量变化时，进油口的压力变化不大，故而稳压性能优于直动式溢流阀。但因先导式溢流阀要在先导阀和主阀都动作后才能起控制作用，因此反应不如直动式溢流阀灵敏，同时由于阻尼孔是细长孔，所以易被堵塞。

2. 溢流阀的应用及调压回路

溢流阀在液压系统中能分别起到溢流稳压、安全保护、远程调压、多级调压、使泵卸荷以及使液压缸回油腔形成背压等多种作用。

（1）溢流稳压。

图 5-13（a）所示的系统采用定量泵供油，且其进油路或回油路上设置节流阀或调速阀，使液压泵输出的压力油一部分进入液压缸工作，而多余的油液需经溢流阀流回油箱，溢流阀处于其调定压力的常开状态。调节弹簧的压紧力，也就调节了系统的工作压力。因此，在这种情况下，溢流阀的作用即为溢流稳压。

（2）安全保护。

图 5-13（b）所示的系统采用变量泵供油，液压泵供油量随负载大小自动调节至需要值，系统内没有多余的油液需要溢流，其工作压力由负载决定。溢流阀只有在过载时才打开，对系统起安全保护作用。故该系统中的溢流阀又称作安全阀，且系统正常工作时它是常闭的。

（3）使泵卸荷。

如图 5-13（c）所示，当电磁铁通电时，先导式溢流阀的远程控制口与油箱连通，相当于先导阀的调定值为零。此时，其主阀芯在进口压力很低时，即可迅速抬起，使泵卸荷，以减少能量损耗与泵的磨损。

（4）远程调压。

图 5-13（c）所示的系统中，如果将先导式溢流阀的远程控制口与其他压力控制阀相连时，主阀芯上腔的油压就可以由安装在别处的另一个压力阀控制，而不受自身的先导阀调控，从而实现远程控制。但此时，远控阀的调整压力要低于自身先导阀的调整压力，否则远控阀将不起实际作用。

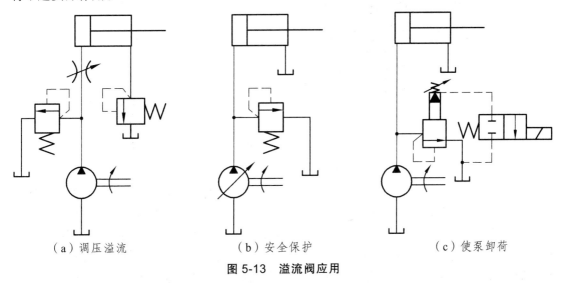

（a）调压溢流　　　　　　（b）安全保护　　　　　　（c）使泵卸荷

图 5-13　溢流阀应用

5.3.2　顺序阀

顺序阀用来控制液压系统中各执行元件动作的先后顺序。顺序阀也有直动式和先导式两种，前者一般用于低压系统，后者用于中、高压系统。

1. 顺序阀的结构与工作原理

图 5-14（a）所示为直动式顺序阀的结构图。它由阀体、阀芯、弹簧、控制活塞等零件

组成。当其进油口的压力低于弹簧 5 的调定压力时，控制活塞 2 下端油液向上的推力小，阀芯 4 处于最下端位置，阀口关闭，油液不能通过顺序阀流出；当其进油口的压力达到弹簧 5 的调定压力时，阀芯 4 抬起，阀口开启，压力油便能通过顺序阀流出，使阀后的油路工作。这种顺序阀利用其进油口压力控制，称普通顺序阀（也称为内控式顺序阀），其图形符号如图 5-14（b）所示。由于泄油口要单独接回油箱，这种连接方式称为外泄式。

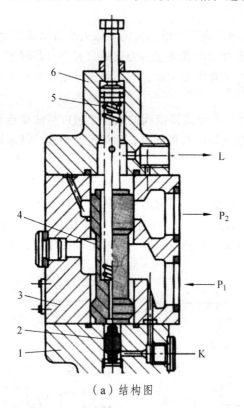

（a）结构图

（b）内控外泄式图形符号

（c）外控外泄式图形符号

（d）外控内泄式图形符号

图 5-14　直动式顺序阀

1—下阀盖；2—活塞；3—阀体；4—阀芯；5—弹簧；6—上阀盖

若将下阀盖 1 相对阀体转过 90°或 180°，将油口 K 处的螺塞拆下，在该出口接控制油管并通入控制油，则阀的启闭便可由外供控制油控制。这时即成为液控（外控）顺序阀，其图形符号如图 5-14（c）所示。若再将上阀盖 6 转过 180°，使泄油口 L 处的小孔与阀体上的小孔连通，并将泄油口 L 用螺塞封住，使顺序阀的出油口与油箱连通，则顺序阀就成为卸荷阀，其泄油可由阀的出油口流回油箱，这种连接方式称为内泄式。卸荷阀的图形符号如图 5-14（d）所示。

由图 5-14 可见，顺序阀和溢流阀的结构基本相似，不同的只是顺序阀的出油口通向系统的另一压力油路，而溢流阀的出油口通向油箱。

先导式顺序阀的工作原理与先导式溢流阀相似，所不同的是顺序阀的出油口不接回油箱，而通向某一压力油路；此外，由于顺序阀的进、出油口均为压力油，所以它的泄油口必须单独外接油箱。

2．顺序阀的应用

（1）顺序阀用于控制顺序动作。

图 5-15 所示为机床夹具上用顺序阀实现工件先定位后夹紧的顺序动作回路。当电磁换向阀的电磁铁由通电状态变为断电时，压力油先进入定位缸的下腔，定位缸上腔回油，活塞向上运动，实现定位。这时由于压力低于顺序阀的调定压力，因而压力油不能进入夹紧缸下腔，工件不能夹紧。当定位缸活塞停止运动时，油路压力升高到顺序阀的调定压力时，顺序阀开启。压力油进入夹紧缸的下腔，夹紧缸上腔回油，活塞向上移动，将工件夹紧。实现了先定位后夹紧的顺序要求。当电磁换向阀的电磁铁再通电时，压力油同时进入定位缸、夹紧缸上腔，两缸下腔回油（夹紧缸经单向阀回油），使工件松开。

（2）用顺序阀控制的平衡回路。

图 5-16 所示为采用单向顺序阀作平衡阀的回路。根据用途，要求顺序阀的调定压力应稍大于工作部件的自重在液压缸下腔形成的压力。这样，当换向阀处于中位、液压缸不工作时，顺序阀关闭，工作部件不会自行下滑。当换向阀左位工作时，液压缸上腔通压力油，下腔的背压大于顺序阀的调定压力时，顺序阀开启，活塞与运动部件下行，由于自重得到平衡，故不会产生超速现象；当换向阀右位工作时，压力油经单向阀进入液压缸下腔，液压缸上腔回油，活塞及工作部件上行。这种回路采用 M 形中位机能换向阀，可使液压缸停止工作时，液压缸上、下腔油被封闭，从而有助于锁紧工作部件，另外还可以使泵卸荷，以减少能耗。另外，由于下行时，回油腔背压大，必须提高进油腔工作压力，所以功率损失较大。它主要用于工作部件质量不变，且质量较小的系统，如立式组合机床、插床和锻压机床的液压系统中皆有应用。

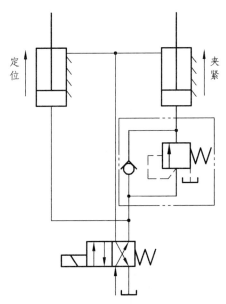

图 5-15　顺序阀用于控制顺序动作

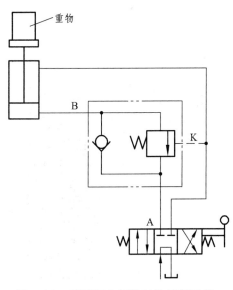

图 5-16　采用顺序阀控制的平衡回路

5.3.3　减压阀

减压阀是使出口压力（二次压力）低于进口压力（一次压力）的一种压力控制阀。其作用是用低液压系统中某一回路的油液压力，使用一个油源能同时提供 2 个或几个不同压力的输出。减压阀在各种液压设备的夹紧系统、润滑系统和控制系统中应用较多。此外，当油液压力不稳定时，在回路中串入一减压阀可得到一个稳定的较低的压力。

根据减压阀所控制的压力不同，它可以分为定值输出减压阀、定差减压阀和定比减压阀。按其工作原理的不同，减压阀也有直动式和先导式之分，一般常用先导式减压阀。

图 5-17 所示为先导式减压阀的结构原理图，它在结构上和先导式溢流阀相似，也由先导阀和主阀两部分组成。压力油从阀的进口（图中未标出）进入进油腔 P_1，经减压阀口 f 减压后，再从出油腔 P_2 和出油口流出。出油腔压力油经小孔 f 进入主阀芯 5 的下端，同时经阻尼小孔 e 流入主阀芯上端，再经孔 c 和 b 作用于锥阀芯 3 上。当出油口压力较低时，先导阀关闭，主阀芯两端压力相等，主阀芯被平衡弹簧 4 压在最下端（图示位置），减压阀口开度为最大，压降为最小，减压阀不起减压作用。当出油口压力达到先导阀的调定压力时，先导阀开启，此时 P_2 腔的部分压力油经孔 e、c、b、先导阀口、孔 a 和泄漏口 L 流回油箱。由于阻尼小孔 e 的作用，主阀芯两端产生压力差，主阀芯在此压力差作用下克服平衡弹簧的弹力上移，减压阀口减小，使出油口压力降低至调定压力。由于外界干扰（如负载变化）使出油口压力变化时，减压阀将会自动调整减压阀口的开度以保持出油压力稳定。调节调整螺母 1 即可调节调压弹簧 2 的预压缩量，从而调定减压阀出油口压力。图 5-17（b）为直动减压阀的图形符号，也是减压阀的一般符号；图 5-17（c）为先导式减压阀的图形符号。

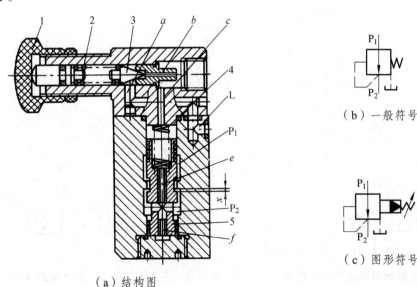

（a）结构图

（b）一般符号

（c）图形符号

图 5-17　先导式减压阀

1—调整螺母；2—弹簧；3—锥阀芯；4—弹簧；5—主阀芯

5.3.4　压力继电器

压力继电器是一种将油液的压力信号转换成电信号的电液控制元件。

1. 压力继电器的工作原理

当油液压力达到压力继电器的调定压力时，即发出电信号，以控制电磁铁、电磁离合器、继电器等元件动作。图 5-18 为压力继电器的结构原理图及其图形符号。

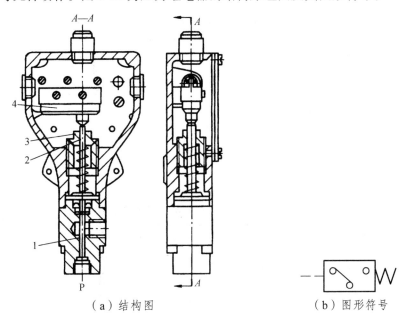

（a）结构图　　　　　　　　　　　（b）图形符号

图 5-18　压力继电器

1—柱塞；2—顶杆；3—调节螺钉；4—微动开关

2. 压力继电器的应用

压力继电器的正确位置是在液压缸和节流阀之间，使油路卸压、换向，执行元件实现顺序动作，或关闭电动机，使系统停止工作，起安全保护作用。图 5-19 所示为压力继电器用于安全保护回路的一个例子，压力继电器设置在夹紧液压缸的一端，当液压泵启动后，首先将工件夹紧，此时管路的压力升高，使压力继电器动作，发出电信号，为机床主轴电机启动做好准备。如果工件未夹紧，则压力继电器仍处于断开状态，主轴不能转动。这样可以防止工件尚未夹紧而主轴却已旋转，避免将工件甩出造成伤人事故。

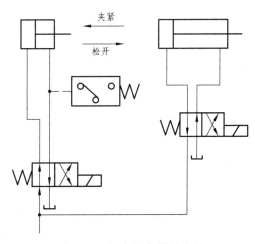

图 5-19　压力继电器的应用

5.3.5　溢流阀、顺序阀和减压阀的比较

溢流阀、顺序阀和减压阀之间有许多相同之处，但又有一些区别，为便于理解在此作一比较，如表 5-4 和表 5-5 所示。

表 5-4　溢流阀和顺序阀图形符号比较说明

压力控制阀	溢流阀	顺序阀			
		内控外泄式	外控外泄式	内控内泄式	外控内泄式
符号					
说明	原始状态阀口关闭，以进口油压与弹簧力平衡；阀溢流口接油箱；弹簧腔内泄回油	弹簧处比溢流阀多一个外泄回油箱符号，出油口不通油箱	从外部油源引入控制油，有外泄回油箱符号，出油口不通油箱	控制油为内控式，与溢流阀符号一致	控制油为外控制式

表 5-5　溢流阀、顺序阀和减压阀的异同

压力控制阀	溢流阀	顺序阀	减压阀
控制压力	从阀的进油端引压力油来实现控制	从阀的进油端或从外部油源引压力油构成内控式或外控式	从阀的出油端引压力油来实现控制
连接方式	连接溢流阀的油路与主油路并联，阀出口直接通油箱	当作为卸荷和平衡作用时，出口通油箱；当顺序控制时，出口通工作系统	串联在减压油路上，出口油到减压部分去工作
回油方式	内部回油，原始状态阀口关闭	外泄回油，当作卸荷阀用时为内泄回油	外泄回油
阀芯状态	当安全阀用：阀口是常闭状态；当溢流阀、背压阀用：阀口是常开状态	原始状态阀口关闭，工作过程中，阀口常开	原始状态阀口开启，工作过程也是微开状态
作用	安全作用，溢流、稳压作用，背压作用，卸荷作用	顺序控制作用、卸荷作用、平衡（限速）作用、背压作用	减压、稳压作用

5.4　流量控制阀

液压系统中执行元件运动速度的大小，由输入执行元件的油液流量的大小来确定。油液流经小孔、狭缝或毛细管时，会产生较大的液阻，流通面积越小，油液受到的液阻越大，通过阀口的流量就越小。所以，改变节流口的流通面积，使液阻发生变化，就可以调节流量的

大小，这就是流量控制的工作原理。

　　流量控制阀就是依靠改变阀口通流面积（节流口局部阻力）的大小或通流通道的长短来控制流量的液压阀类。常用的流量控制阀有普通节流阀、调速阀两种。

5.4.1　流量控制特性

1. 流量控制特性

　　节流阀节流口通常有 3 种基本形式：薄壁小孔、细长小孔和厚壁小孔。但无论节流口采用何种形式，通过节流口的流量 q 及其前后压力差 Δp 的关系，均可用小孔流量公式 $q = C A_T \Delta p^m$ 来表示，其中 C 为与孔口形式有关的系数，A_T 为孔的通流截面面积，Δp 为孔前、后压差，m 为由孔结构形式决定的指数，$0.5 \leqslant m \leqslant 0.1$。图 5-20 所示为薄壁小孔（$m = 0.5$）、细长孔（$m = 1$）和厚壁小孔（$0.5 < m < 1$）3 种节流口的流量特性曲线。由图可见，为保证流量稳定，节流口的形式以薄壁小孔较为理想，但实用的节流口介于薄壁小孔和细长孔之间。

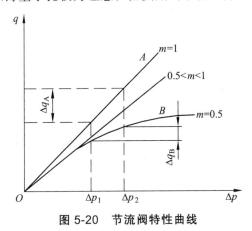

图 5-20　节流阀特性曲线

2. 影响流量的因素

　　为保证执行元件在节流口大小调定后，运动速度稳定不变，需要保证流经节流阀口的流量为定值。

　　但事实上流量是变化不定的，影响流量稳定的因素有以下几点：

　　（1）负载变化的影响。由于液压系统的负载往往不是定值，负载变化，节流阀两端压差 Δp 就发生变化，于是通过它的流量就发生变化。3 种结构形式的节流口中，通过薄壁小孔的流量受到压差改变的影响最小。

　　（2）温度对流量的影响。油温影响到油液黏度，对于细长小孔，油温变化时，流量也会随之改变；对于薄壁小孔，黏度对流量几乎没有影响，故温度变化时，流量基本不变。

　　（3）节流口的堵塞。节流阀的节流口可能因油液中的杂质或由于油液氧化后析出的胶质、沥青等而局部堵塞，这就改变了原来节流口通流面积的大小，使流量发生变化，尤其是当开口较小时，这一影响更为突出，严重时，会完全堵塞而出现断流现象。因此，节流口的抗堵塞性能也是影响流量稳定性的重要因素，尤其会影响流量阀的最小稳定流量。一般节流口通流面积越大，节流通道越短，水流直径越大，越不容易堵塞，当然油液的清洁度也对堵塞产生影响。一般流量控制阀的最小稳定流量为 0.05 L/min。

3. 节流口的形式

图 5-21 所示为几种常用的节流口形式。

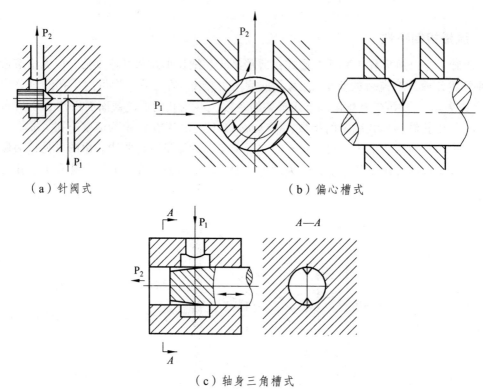

（a）针阀式　　　　　　　　　　　　（b）偏心槽式

（c）轴身三角槽式

图 5-21　典型节流口的结构形式

图 5-21（a）所示为针阀式节流口，它通道长，湿周大，易堵塞，流量受油温影响较大，一般用于对性能要求不高的场合。

图 5-21（b）所示为偏心槽式节流口，其性能与针阀式节流口相似，但容易制造。其缺点是阀芯上的径向力不平衡，旋转阀芯时较费力，一般用于压力较低、流量较大和流量稳定性要求不高的场合。

图 5-21（c）所示为轴向三角槽式节流口，其结构简单，水力直径中等，可得到较小的稳定流量，且调节范围较大。但节流通道有一定的长度，油温变化对流量有一定的影响，目前被广泛应用。

5.4.2　节流阀

普通的节流阀是流量阀中使用最普遍的一种形式，它的结构和图形符号如图 5-22 所示。实际上，普通的节流阀就是由节流口与用来调节节流口开口大小的调节元件组成的，即由轴向三角槽的阀芯 4、阀体 3、导套 2、顶盖 1、弹簧 5 和底盖 6 等组成。

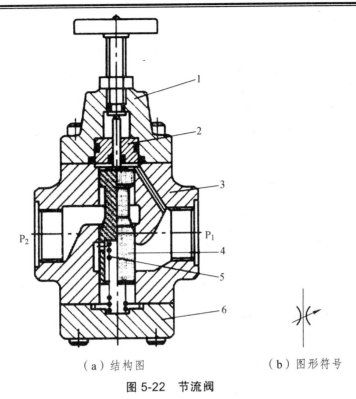

（a）结构图   （b）图形符号

图 5-22 节流阀

1—顶盖；2—导套；3—阀体；4—阀芯；5—弹簧；6—底盖

压力油从进油口 P_1 进入阀体，经孔道、节流口，再从出口流出，出口油液压力为 p_2。当调节节流阀的手轮时，顶杆推动节流阀阀芯上下移动改变节流口的大小，从而实现对流体流量的调节。进口油液通过弹簧腔径向小孔和阀体上的斜孔共同作用在阀芯上、下两端，使其两端液压力平衡，并使阀芯顶杆端不致形成封闭油腔，从而使阀芯能轻便移动。

节流阀是最简易的流量阀，此阀无压力和温度补偿装置，不能自动补偿负载及油黏度变化时所造成的速度不稳定。但其结构简单，制造维护方便，广泛应用于负载变化不大或对速度稳定性要求不高的场合。

对节流阀的性能要求主要有以下几点：

（1）阀口前、后压差变化对流量的影响小。

（2）油温变化对流量影响小。

（3）抗阻塞特性较好，即可获得较低的最小稳定流量。

（4）通过节流阀的泄漏小。

5.4.3 调速阀

普通节流阀由于刚性差，在节流开口一定的条件下，通过它的工作流量受工作负载（即其出口压力）变化的影响，不能保持执行元件运动速度的稳定，因此只适用于工作负载变化不大和速度稳定性要求不高的场合。由于工作负载的变化很难避免，为了改善调速系统的性能，通常采取措施使节流阀前、后压力差在负载变化时始终保持不变，即构成调速阀。

1. 调速阀的工作原理

图 5-23 所示的调速阀就是由定差减压阀 1 与节流阀 2 串联起来构成的。若减压阀进口压力为 p_1，出口压力为 p_2，节流阀出口压力为 p_3，则节流阀两端的压差 Δp 为 $p_2 - p_3$。当负载增加、p_3 增大时，减压阀右腔推力增大，其阀芯左移，阀口开大，阀口液阻减小，使 p_2 也增大，p_2 与 p_3 的差值 Δp 却不变；当负载减小、p_3 减小时，减压阀阀芯右移，p_2 也减小，其差值不变。因此，调速阀适用于负载变化较大，速度平稳性要求较高的液压系统。

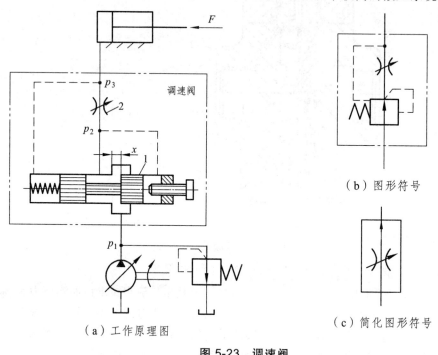

（a）工作原理图

（b）图形符号

（c）简化图形符号

图 5-23 调速阀

1—减压阀；2—节流阀

2. 调速阀的流量特性

调速阀的流量特性如图 5-24 所示。当调速阀进、出口压差大于一定数值 Δp_{min} 后，通过调速阀的流量不随压差的改变而变化；而当其压差小于 Δp_{min} 时，由于压力差对阀芯产生的作用力不足以克服阀芯上的弹簧力，此时阀芯处于左端，阀口完全打开，减压阀不起减压作用，故其特性曲线与节流阀特性曲线重合。因此，欲使调速阀正常工作，就应该保证其有一最小压差（一般为 0.5 MPa）。

结构改造 1：当调速阀的出口堵住时，其节流阀两端压力相等，减压阀阀芯在弹簧力的作用下移至最左端，阀开口最大。因此，当将调速阀出口迅速打开时，因减压阀口来不及关小，不起减压作用，会使瞬时流量增加，使液压缸产生前冲现象。为此有的调速阀在减压阀体上装有能调节减压阀阀芯行程的限位器，以限制和减小这种启动时的冲击。

结构改造 2：普通调速阀的流量虽然已能基本上不受外部负载变化的影响。但是当流量较小时，节流口的通流面积较小，这时节流口的长度与通流截面水力直径的比值相对增大，因而油液的黏度变化对流量的影响也增大。所以当油温升高、油的黏度变小时，流量仍会增大。

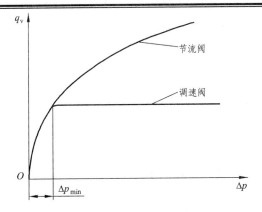

图 5-24　调速阀和节流阀的特性曲线

　　为了减小温度对流量的影响，可以采用温度补偿调速阀。这种阀中有由热膨胀系数较大的聚氯乙烯塑料做成的推杆，当温度升高时，其受热伸长使阀口关小，以补偿因油变稀流量变大造成的流量增加，维持其流量基本不变。

　　温度补偿调速阀的压力补偿原理部分与普通调速阀相同。据 $q = CA_T\Delta p^m$ 可知，当 Δp 不变时，由于黏度下降，C 值上升，此时只有适当减小节流阀的开口面积，方能保证 q 不变。图 5-25 为温度补偿原理图，在节流阀芯和调节螺钉之间放置一个温度膨胀系数较大的聚氯乙烯推杆，当油温升高时，本来流量增加，这时温度补偿杆伸长使节流口变小，从而补偿了油温对流量的影响。

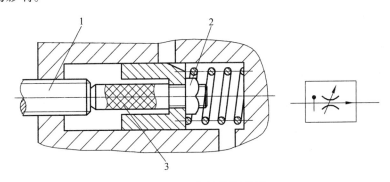

图 5-25　温度补偿原理图

1—阀芯；2—调节螺钉；3—聚氯乙烯推杆

5.5　液压阀的使用与维护

5.5.1　液压控制阀的安装使用

1. 压力控制阀的安装使用

　　（1）使用工作油液黏度为 17 ~ 38 mm²/s（2.5 ~ 5 °E）时，推荐使用抗磨液压油；正常工作油温为 10 ~ 60 ℃，在使用过程中油温较低时，应选择黏度较低的油。

　　（2）要求系统过滤精度不得低于 30 μm。要经常注意油液的清洁度，定期检查油液的性能，并进行更换。

（3）螺纹连接与法兰连接方式有 2 个进油口、1 个回油口（或二次压力口）供用户选择。

（4）顺时针转动手轮时，压力升高；逆时针转动手轮时，压力降低。在调节所需的压力值时，应使用锁紧螺母将调节手轮固定。

（5）溢流阀回油阻力不得大于 0.5 MPa，作安全阀使用时，调定压力不得超过液压系统的最高压力。

（6）减压阀泄油口需直接通回油箱，并保持泄油口油路通畅。泄油口背压过高时，将影响正常工作。

（7）油口安装时，应保证其密封性，避免空气渗入而影响工作。

（8）用户购回元件后如不及时使用，需将内部灌入防锈油，并将外露加工表面涂防锈脂，妥善保存。

2. 流量控制阀的安装使用

（1）使用工作油液黏度为 17～38 mm²/s（2.5～5 °E）时，推荐使用抗磨液压油；正常工作油温为 10～60 ℃，在使用过程中油温较低时，应选择黏度较低的油。

（2）要求系统过滤精度不得低于 30 μm。要经常注意油液的清洁度，定期检查油液的性能，并进行更换。

（3）流量控制必须保证进油口与出油口间的压差在 1.0 MPa 以上才能正常工作。一般情况下，阀的最小稳定流量为额定流量的 10%。

3. 方向控制阀的安装使用

（1）使用工作油液黏度为 17～38 mm²/s（2.5～5 °E）时，推荐使用抗磨液压油；正常工作油温为 10～60 ℃，在使用过程中油温较低时，应选择黏度较低的油。

（2）要求系统过滤精度不得低于 30 μm。要经常注意油液的清洁度，定期检查油液的性能，并进行更换。

（3）连接方式有板式、螺纹式与法兰式 3 种，安装时，要用螺钉将阀固定在已加工过的基面上。不允许用管道支撑，滑阀轴线应安装成水平方向。

（4）使用电源电压应与电磁铁规定的电压相符，电源电压允许有 −15%～+5% 的变化。

（5）电液换向阀使用阻尼器，调节阻尼器螺钉可改变主阀换向速度。

（6）电液换向阀的先导油路，可实行外控或内控。实行外控时，先导阀压力不得低于 0.35 MPa。

（7）手动换向阀有钢球定位和弹簧定位两种。使用钢球定位时，扳动换向阀阀芯后定位，在扳动阀芯时才能复位；使用弹簧定位时，松开手柄可自动复位。

（8）用户购回元件后如不及时使用，需将内部灌入防锈油，并将外露加工表面涂防锈脂，妥善保存。

5.5.2　液压控制阀的故障原因及排除方法

1. 方向控制阀的常见故障及排除方法

方向控制阀的常见故障及排除方法如表 5-6 所示。

表 5-6　方向控制阀的常见故障及排除方法

故障现象		产生原因	排除方法
主阀芯不运动	电磁铁故障	1. 电磁铁线圈烧坏；2. 电磁铁推动力不足或漏磁；3. 电气线路故障；4. 电磁铁未加上控制信号；5. 电磁铁铁心卡死	1. 检查原因，进行修理或更换；2. 检查原因，进行修理或更换；3. 消除故障；4. 检查后加上控制信号；5. 检查或更换
	先导电磁阀故障	1. 阀芯与阀体孔卡死(如零件几何精度差、阀芯与阀孔配合过紧、油液过脏)；2. 弹簧侧弯，使滑阀卡死	1. 修理配合间隙达到要求，使阀芯移动灵活，过滤或更换油液；2. 更换弹簧
	主阀芯卡死	1. 阀芯与阀体几何精度差；2. 阀芯与阀孔配合过紧；3. 阀芯表面有毛刺	1. 修理配研间隙达到要求；2. 修理配研间隙达到要求；3. 去毛刺，冲洗干净
	液控油路故障	1. 控制油路无油 ① 控制油路电磁阀未换向； ② 控制油路被堵塞。 2. 控制油路压力不足 ① 端盖处漏油； ② 滑阀排油腔一侧节流阀调节得过小或被堵死	1. 控制油路无油 ① 检查原因并消除； ② 检查清洗，并使控制油路通畅。 2. 控制油路压力不足 ① 拧紧端盖螺钉； ② 清洗节流阀并调整适宜
	油液变质过脏，油温过高	1. 油液过脏使阀芯卡死；2. 油温过高，使零件产生热变形，而产生卡死现象；3. 油温过高，油液中产生胶质黏住阀芯而卡死；4. 油液黏度太高，使阀芯移动困难而卡住	1. 过滤或更换；2. 检查油温过高的原因并消除；3. 清洗，消除油温过高；4. 更换适宜的油液
	安装不良	阀体变形 ① 安装螺钉拧紧力矩不均匀； ② 阀体上连接的管子"别劲"	① 重新紧固螺钉，并使之受力均匀； ② 重新安装
	复位弹簧不符合要求	1. 弹簧力过大；2. 弹簧侧弯变形，致使阀芯卡死；3. 弹簧断裂不能复位	更换适宜的弹簧
阀芯换向后通过的流量不足	阀开口量不足	1. 电磁阀中推杆过短；2. 阀芯与阀体几何精度差，间隙过小，移动时有卡死现象，故不到位；3. 弹簧太弱，推力不足，使阀芯行程不到位	1. 更换适宜长度的推杆；2. 配研达到要求；3. 更换适宜的弹簧
压降过大	阀参数选择不当	实际通过流量大于额定流量	应在额定范围内使用

续表

故障现象	产生原因		排除方法
液控换向阀阀芯换向后速度不易调节	可调装置故障	1. 单向阀封闭性差；2. 节流阀加工精度差，不能调节最小流量；3. 排油腔阀盖处漏油；4. 针形节流阀调节性能差	1. 修理或更换；2. 修理或更换；3. 更换密封件，拧紧螺钉；4. 改用三角槽节流阀
电磁铁过热或线圈烧坏	电磁铁故障	1. 线圈绝缘不好；2. 电磁铁铁心不合适，吸不住；3. 电压太低或不稳定	1. 更换；2. 更换；3. 电压的变化值应在额定电压的10%以内
	负荷变化	1. 换向压力超过规定；2. 换向流量超过规定；3. 回油口背压过高	1. 降低压力；2. 更换规格合适的电液换向阀；3. 调整背压使其在规定值内
	装配不良	电磁铁铁心与阀芯轴线同轴度不良	重新装配，保证有良好的同轴度
电磁铁吸力不够	装配不良	1. 推杆过长；2. 电磁铁铁心接触面不平或接触不良	1. 修磨推杆到适宜长度；2. 消除故障，重新装配达到要求
冲击与振动	换向冲击	1. 大通径电磁换向阀，因电磁铁规格大，吸合速度快而产生冲击；2. 液动换向阀，因控制流量过大、阀芯移动速度太快而产生冲击；3. 单向节流阀中的单向阀钢球漏装或钢球破碎，不起阻尼作用	1. 需要采用大通径换向阀时，应优先选用电液换向阀；2. 调小节流阀节流口，减慢阀芯移动速度；3. 检修单向节流阀
	振动	固定电磁铁的螺钉松动	紧固螺钉，并加防松垫圈

2. 压力控制阀的常见故障及排除方法

压力控制阀的常见故障及排除方法如表 5-7 所示。

表 5-7　压力阀的常见故障及排除方法

故障现象	产生原因	排除方法
溢流阀压力波动	1. 弹簧弯曲或弹簧刚度过低	更换弹簧
	2. 锥阀与锥阀座接触不良或磨损	更换锥阀
	3. 压力表不准	修理或更换压力表
	4. 滑阀动作不灵	调整阀盖螺钉紧固力或更换滑阀
	5. 油液不清洁，阻尼孔不畅通	更换油液，清洗阻尼孔
溢流阀明显振动、噪声严重	1. 调压弹簧变形，不复原	检修或更换弹簧
	2. 回油路有空气进入	紧固油路接头
	3. 流量超值	调整
	4. 油温过高，回油阻力过大	控制油温，将回油阻力降至 0.5 MPa 以下
溢流阀泄漏	1. 锥阀与阀座接触不良或磨损	更换锥阀
	2. 滑阀与阀盖配合间隙过大	重配间隙
	3. 紧固螺钉松动	拧紧螺钉

续表

故障现象	产生原因	排除方法
溢流阀调压失灵	1. 调压弹簧折断	更换弹簧
	2. 滑阀阻尼孔堵塞	清洗阻尼孔
	3. 滑阀卡住	拆检并修正,调整阀盖螺钉紧固力
	4. 进、出油口接反	重装
	5. 先导阀座小孔堵塞	清洗小孔
减压阀二次压力不稳定并与调定压力不符	1. 油箱液面低于回油管口或滤油器,油中混入空气	补油
	2. 主阀弹簧太软、变形或在滑阀中卡住,使阀移动困难	更换弹簧
	3. 泄漏	检查密封,拧紧螺钉
	4. 锥阀与阀座配合不良	更换锥阀
减压阀不起作用	1. 泄油口的螺堵未拧出	拧出螺堵,接上泄油管
	2. 滑阀卡死	清洗或重配滑阀
	3. 阻尼孔堵塞	清洗阻尼孔,并检查油液的清洁度
顺序阀振动与噪声	1. 油管不适合,回油阻力过大	降低回油阻力
	2. 油温过高	降温至规定温度
顺序阀动作压力与调定压力不符	1. 调整弹簧不当	反复几次,转动调整手柄,调到所需压力
	2. 调压弹簧变形,最高压力调不上去	更换弹簧
	3. 滑阀卡死	检查滑阀配合部分,清除毛刺

3. 流量控制阀的常见故障及排除方法

流量控制阀的常见故障及排除方法如表 5-8 所示。

表 5-8   流量控制阀的常见故障及排除方法

故障现象	产生原因	排除方法
无流量通过或流量极少	1. 节流口堵塞,阀芯卡住	检查清洗,更换油液,提高油的清洁度
	2. 阀芯与阀孔配合间隙过大,泄漏大	检查磨损、密封情况,修换阀芯
流量不稳定	1. 油中杂质黏附在节流口边缘上,流量不稳定	拆洗节流阀,清除污物,更换滤油器或更换油液
	2. 系统温升,油液黏度下降,流量增加,速度上升	采取散热、降温措施,必要时换带温度补偿的调速阀
	3. 节流阀内、外泄漏大,流量损失大,不能保证运动速度所需要的流量	检查阀芯与阀体之间的间隙及加工精度,超差零件修复或更换。检查有关连接部位的密封情况或更换密封件

思考题

1. 单向阀的阀芯是否可做成滑动式圆柱阀芯形式？为什么？

2. 什么是换向阀的常态位？

3. 不同中位机能的三位换向阀，其阀体和阀芯结构有何区别？

4. 电液换向阀的先导阀为什么采用 Y 形中位机能？还可采用何种中位机能？

5. 若先导式溢流阀主阀芯上阻尼孔被污物堵塞，溢流阀会出现什么故障？如果溢流阀先导阀锥阀座上的进油小孔堵塞，又会出现什么故障？

6. 溢流量的大小对溢流阀的控制压力有何影响？

7. 溢流阀回油管路中产生较大阻力时，对溢流阀调定压力有无影响？

8. 顺序阀的调定压力和进出口压力之间有何关系？

9. 减压阀的出油口被堵住后，减压阀处于何种工作状态？

10. 当节流阀中的弹簧失效后，对调节流量输出有何影响？

11. 调速阀在使用过程中，若流量仍然有一定程度的不稳，试分析为何种原因。

12. 两腔面积相差很大的单杆缸用二位四通阀换向。有杆腔进油时，无杆腔回流量很大，为避免使用大通径二位四通阀，可用一个液控单向阀分流，请画出回路图。

13. 图 5-26 中溢流阀的调定压力为 5 MPa，减压阀的调定压力为 2.5 MPa，设缸的无杆腔面积 $A = 50\ cm^2$，液流通过单向阀和非工作状态的减压阀时，压力损失分别为 0.2 MPa 和 0.3 MPa。试问：当负载 F 分别为 0 kN、7.5 kN 和 30 kN 时，① 缸能否移动？② A、B 和 C 三点压力数值各为多少？

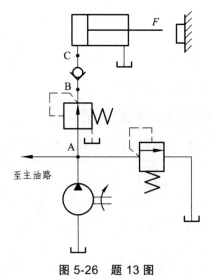

图 5-26　题 13 图

14. 在图 5-27 所示的两阀组中，溢流阀的调定压力为 $p_A = 4$ MPa、$p_B = 3$ MPa、$p_C = 5$ MPa，试求压力计读数。

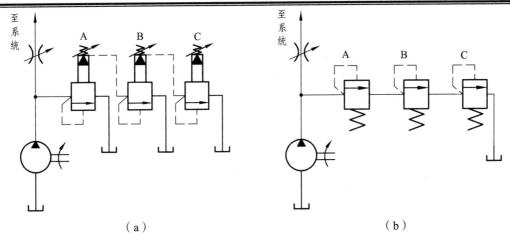

（a）　　　　　　　　　　　　　（b）

图 5-27　题 14 图

15. 已知顺序阀的调整压力为 4 MPa，溢流阀的调整压力为 6 MPa，当系统负载无限大时，分别计算图 5-28（a）、（b）中 A 点处的压力值。

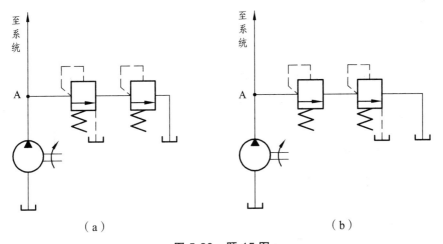

（a）　　　　　　　　　　　　　（b）

图 5-28　题 15 图

单元 6　液压辅助元件

在液压系统中，蓄能器、过滤器、油箱、热交换器、管件等元件属于辅助元件。这些元件结构比较简单，功能也较单一，但对于液压系统的工作性能、噪声、温升、可靠性等，都有直接的影响。因此，应当对液压辅助元件引起足够的重视。在液压辅助元件中，大部分元件都已标准化，并有专业厂家生产，设计时选用即可。只有油箱等少量非标准件，品种较少，要求也有较大的差异，有时需要根据液压设备的要求自行设计。

6.1　过滤器

1. 过滤器的作用

在液压系统中，由于液压系统内的形成或系统外的侵入，液压油中难免会存在这样或那样的污染物，这些污染物的颗粒不仅会加速液压元件的磨损，而且会堵塞阀件的小孔，卡住阀芯，划伤密封件，使液压阀失灵，系统产生故障。因此，必须对液压油中的杂质和污染物颗粒进行清理。目前，控制液压油洁净程度的最有效的方法就是采用过滤器。过滤器的主要功用就是滤去油中杂质，维护油液清洁，防止油液污染，保证系统正常工作。

2. 过滤器的性能指标

过滤器的主要性能指标有过滤精度、通流能力、压力损失等，其中过滤精度为主要指标。

（1）过滤精度。

过滤器的工作原理是用具有一定尺寸过滤孔的滤芯对污染物进行过滤。过滤精度就是过滤器从液压油中所过滤掉的杂质颗粒的最大尺寸（以污染物颗粒平均直径 d 表示）。

过滤精度以滤去杂质颗粒的大小来衡量。不同液压系统对过滤器的过滤精度要求如表 6-1 所示。$d \geqslant 0.1$ mm 时，为粗滤器；$d \geqslant 0.01$ mm 时，为普通滤器；$d \geqslant 0.005$ mm 时，为精滤器；$d \geqslant 0.001$ mm 时，为特精滤器。

表 6-1　过滤精度选择的推荐值

系统类型	润滑系统	传动系统			伺服系统
压力/MPa	0～2.5	<14	14<p<21	>21	21
过滤精度/μm	100	25～50	25	10	5

过滤器精度的选用原则是使所过滤污染物颗粒的尺寸要小于液压元件密封间隙尺寸的一半。系统压力越高，液压元件内相对运动零件的配合间隙越小，需要过滤器的过滤精度也就越高。液压系统的过滤精度，主要取决于系统的压力。

（2）通流能力。

过滤器的通流能力一般用额定流量表示，它与过滤器滤芯的过滤面积成正比。

（3）压力损失。

压力损失指过滤器在额定流量下的进、出油口间的压差。一般过滤器的通流能力越好，压力损失越小。

（4）其他性能。

过滤器的其他性能主要指滤芯强度、滤芯寿命、滤芯耐腐蚀性等指标。不同的过滤器这些性能会有较大的差异，可以通过比较确定各自的优劣。

3. 过滤器的典型结构

按过滤机理分类，过滤器可以分为机械过滤器和磁性过滤器两类。前者是使液压油通过滤芯的孔隙时，将污染物的颗粒阻挡在滤芯的一侧；后者用磁性滤芯将所通过的液压油内铁磁颗粒吸附在滤芯上。在一般液压系统中常用机械过滤器，在要求较高的系统可将上述两类过滤器联合使用。在此着重介绍机械过滤器。

（1）网式过滤器。

图 6-1 所示为网式过滤器结构图，它是由上端盖 1、下端盖 4 之间连接开有若干孔的筒形塑料骨架 3（或金属骨架）组成，在骨架外包裹一层或几层过滤网 2。过滤工作时，液压油从过滤器外通过过滤网进入过滤器内部，再从上端盖管口处进入系统。此过滤器属于粗过滤器，其过滤精度为 0.13 ~ 0.04 mm，压力损失不超过 0.025 MPa，这种过滤器的过滤精度与铜丝网的网孔大小、铜网的层数有关。网式过滤器的特点是结构简单，通油能力强，压力损失小，清洗方便。但是过滤精度低，一般安装在液压泵的吸油管口上，用以保护液压泵。

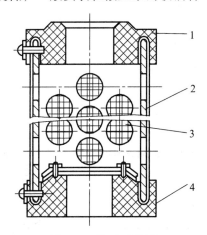

图 6-1　网式过滤器

1—上端盖；2—过滤网；3—骨架；4—下端盖

（2）线隙式过滤器。

图 6-2 所示为线隙式过滤器结构图，它是由端盖 1、壳体 2、带孔眼的筒形骨架 3 和绕在骨架外的金属绕线 4 组成。工作时，油液从孔 a 进入过滤器内，经线间的间隙、骨架上的孔眼进入滤芯中再由孔 b 流出。这种过滤器利用金属绕线间的间隙过滤，其过滤精度取决于间隙的大小。过滤精度有 30 μm、50 μm 和 80 μm 三种精度等级，其额定流量为 6 ~ 250 L/min，

在额定流量下，压力损失为 0.03～0.06 MPa。线隙式过滤器分为吸油管用和压油管用两种形式。前者安装在液压泵的吸油管道上，其过滤精度为 0.05～0.1 mm，通过额定流量时损失小于 0.02 MPa；后者用在液压系统的压力管道上，过滤精度为 0.03～0.08 mm，压力损失不小于 0.06 MPa。这种过滤器的特点是结构简单，通油能力好，过滤精度高，所以应用普遍；缺点是不易清洗，滤芯强度低，多用于中、低压系统。

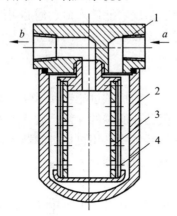

图 6-2　线隙式过滤器

1—端盖；2—壳体；3—骨架；4—金属绕线

（3）纸芯式过滤器。

此过滤器用滤纸为过滤材料，把厚度为 0.35～0.7 mm 的平纹或波纹的酚醛树脂或木浆的微孔滤纸，环绕在带孔的镀锡铁皮骨架上，制成滤纸芯（见图 6-3）。工作时，油液从滤芯外面经滤纸进入滤芯内，然后从孔道 a 流出。为了增加滤纸 1 的过滤面积，纸芯一般做成折叠式。这种过滤器的过滤精度为 0.01 mm 和 0.02 mm 两种规格，压力损失为 0.01～0.04 MPa。其特点是过滤精度高；缺点是堵塞后无法清洗，需要定期更换纸芯，强度低，一般用于精过滤系统。

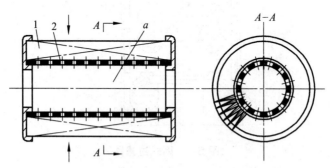

图 6-3　纸芯式过滤器

1—滤纸；2—骨架

（4）烧结式过滤器。

图 6-4 为烧结式过滤器结构图。此过滤器是由端盖 1、壳体 2、滤芯 3 组成，滤芯是由颗粒状铜粉烧结而成。其过滤过程是压力油从 a 孔进入，经铜颗粒之间的微孔进入滤芯的内部，从 b 孔流出。烧结式过滤器的过滤精度为 0.01～0.001 mm，压力损失为 0.03～0.2 MPa。其特

点是强度高，可制成各种形状，制造简单，过滤精度高；缺点是难清洗，金属颗粒易脱落，常用于需要精过滤的场合。

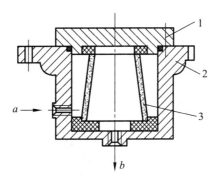

图 6-4   烧结式过滤器

1—端盖；2—壳体；3—滤芯

4. 过滤器的选用

选择过滤器的主要考虑因素有以下几个方面：

（1）系统的工作压力。

系统的工作压力为选择过滤器的主要依据之一。系统的压力越高，液压元件的配合精度越高，所需要的过滤精度也就越高。

（2）系统的流量。

过滤器的通流能力是根据系统的最大流量而确定的。一般来说，过滤器的额定流量不能小于系统的流量，否则过滤器的压力损失会增加，过滤器易堵塞，寿命也会缩短。但过滤器的额定流量越大，其体积造价也越大，因此应选择合适的流量。

（3）滤芯的强度。

过滤器滤芯的强度是一个重要指标，不同的过滤器有不同的强度。在高压或冲击大的液压回路中，应选用强度高的过滤器。

5. 过滤器的安装

（1）安装在液压泵的吸油口上。

如图 6-5（a）所示，用于保护泵，可选择粗滤器，但要求有较大的通流能力，防止产生气穴现象。该过滤器要求能承受油路上的工作压力和压力冲击；安装在系统的回油路上以滤去系统生成的污物时，可采用滤芯强度低的过滤器。为防止过滤器堵塞，一般要并联安全阀或安装发讯装置。

（2）安装在液压泵的出油口上。

如图 6-5（b）所示，此安装方式可以有效地保护除泵以外的其他液压元件，但是由于过滤器是在高压下工作，滤芯需要有较高的强度。为了防止过滤器堵塞而引起液压泵过载或过滤器损坏，常在过滤器旁设置一堵塞指示器或旁路阀加以保护。

（3）安装在系统的回油路上。

如图 6-5（c）所示，将过滤器安装在系统的回油路上。这种方式可以把系统内油箱或管壁氧化层的脱落或液压元件磨损所产生的颗粒过滤掉，以保证油箱内液压油的清洁，使泵及其他元件受到保护。但由于回油压力较低，所需过滤器强度不必过高。

（4）安装在系统的支路上。

如图 6-5（d）所示，当泵的流量较大时，为避免选用过大的过滤器，在支路上安装小规格的过滤器。

（5）单独过滤。

如图 6-5（e）所示，用一个液压泵和过滤器单独组成一个独立于系统之外的过滤回路，这样可以连续清除系统内的杂质，保证系统的清洁，一般用于大型的液压系统。

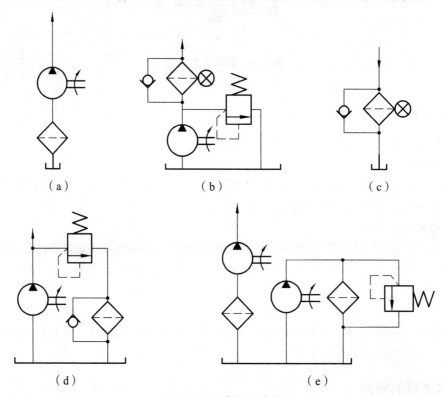

　　（a）　　　　　　　　（b）　　　　　　　　（c）

　　（d）　　　　　　　　　　　（e）

图 6-5　过滤器的安装

6.2　蓄能器

蓄能器是在液压系统中储存和释放压力能的元件。它还可以用作短时供油及吸收系统的振动和冲击的液压元件。

1. 蓄能器的类型和典型结构

蓄能器主要有重锤式、充气式和弹簧式 3 种类型。

（1）重锤式蓄能器。

重锤式蓄能器的结构原理如图 6-6 所示，它是利用重物的位置变化来储存和释放能量的。

重物 1 通过柱塞 2 作用于液压油 3 上，使之产生压力。当储存能量时，油液从 *a* 孔经单向阀进入蓄能器内，通过柱塞推动重物上升；释放能量时，柱塞同重物一起下降，油液从 *b* 孔输出。这种蓄能器结构简单，压力稳定；但容量小，体积大，反应不灵活，易产生泄漏。目前，只用于少数大型固定设备的液压系统。

（2）弹簧式蓄能器。

图 6-7 所示为弹簧式蓄能器的结构原理图，它是利用弹簧的伸缩来储存和释放能量的。弹簧 1 的力通过活塞 2 作用于液压油 3 上。液压油的压力取决于弹簧的预紧力和活塞的面积。由于弹簧伸缩时，弹簧力会发生变化，所形成的油压也会发生变化。为减少这种变化，一般弹簧的刚度不可太大，弹簧的行程也不能过大，从而限制了这种蓄能器的工作压力。这种蓄能器用于低压、小容量的系统，常用于液压系统的缓冲。弹簧式蓄能器具有结构简单、反应较灵敏等特点，但容量较小、承压较低。

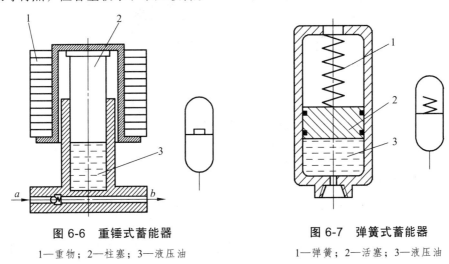

图 6-6　重锤式蓄能器　　　　　　　图 6-7　弹簧式蓄能器

1—重物；2—柱塞；3—液压油　　　　　1—弹簧；2—活塞；3—液压油

（3）充气式蓄能器。

充气式蓄能器是利用气体的压缩和膨胀来储存和释放能量。为安全起见，所充气体一般为惰性气体或氮气。常用的充气式蓄能器有活塞式和气囊式两种，如图 6-8 所示。

① 活塞式蓄能器。

图 6-8（a）所示为活塞式蓄能器结构图。压力油从 *a* 口进入，推动活塞，压缩活塞上腔的气体储存能量。当系统压力低于蓄能器压力时，气体推动活塞，释放压力油，满足需要。这种蓄能器具有结构简单、工作可靠、维修方便等特点，但由于缸体的加工精度高、活塞密封易磨损、活塞的惯性及摩擦力的影响，使之存在造价高、易泄漏、反应灵敏度差等缺陷。

② 气囊式蓄能器。

图 6-8（b）所示为气囊式蓄能器结构图。由图可知，气囊 2 安装在壳体 3 内，充气阀 1 为气囊充入氮气，压力油从入口顶开菌形限位阀 4 进入蓄能器压缩气囊，气囊内的气体被压缩而储存能量。当系统压力低于蓄能器压力时，气囊膨胀，压力油输出，蓄能器释放能量。菌形限位阀的作用是防止气囊膨胀时从蓄能器油口处凸出而损坏。这种蓄能器的特点是气体与油液完全隔开，气囊惯性小，反应灵活，结构尺寸小，质量轻，安装方便，是目前应用最为广泛的蓄能器之一。

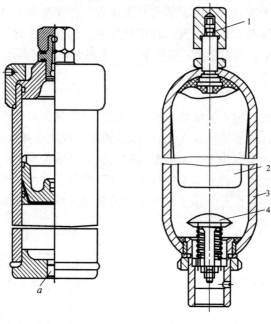

（a）活塞式蓄能器　　　　（b）气囊式蓄能器

图 6-8　充气式蓄能器

1—充气阀；2—气囊；3—壳体；4—限位阀

2. 蓄能器的安装使用

蓄能器在液压系统中安装的位置，由蓄能器的功能来决定。在使用和安装蓄能器时应注意以下几个问题：

（1）气囊式蓄能器应当垂直安装，倾斜安装或水平安装会使蓄能器的气囊与壳体磨损，影响蓄能器的使用寿命。

（2）吸收压力脉动或冲击的蓄能器应该安装在振源附近。

（3）安装在管路中的蓄能器必须用支架或挡板固定，以承受因蓄能器蓄能或释放能量时所产生的反作用力。

（4）蓄能器与管道之间应安装止回阀，以用于充气或检修。蓄能器与液压泵间应安装单向阀，以防止停泵时压力油倒流。

6.3　油　箱

油箱的主要功用是储存油液，同时箱体还具有散热、沉淀污物、析出油液中渗入的空气以及作为安装平台等作用。

1. 油箱的分类及典型结构

（1）油箱的结构。

油箱可分为开式结构和闭式结构两种。开式结构油箱中的油液具有与大气相通的自由液面，多用于各种固定设备；闭式结构的油箱中的油液与大气是隔绝的，多用于行走设备及车辆。开式结构的油箱又分为整体式和分离式。整体式油箱通常是利用主机的底座作为油箱，其特点是结构紧凑，液压元件的泄漏容易回收，但散热性能差，维修不方便，使主机的精度及性能有所影响；分离式油箱单独成立一个供油泵站，与主机分离，其散热性、维护和维修性均好于整体式油箱，但必须增加占地面积。目前，精密设备多采用分离式油箱。

（2）油箱的典型结构。

图 6-9 为开式结构分离式油箱的结构简图。箱体一般用 2.5～4 mm 的薄钢板焊接而成，表面涂有耐油涂料。油箱中间有 2 个隔板 7 和 9，用来将液压泵的吸油管 1 和回油管 4 分开，以阻挡沉淀杂物及回油管产生的泡沫。油箱顶部的安装板 5 用较厚的钢板制造，用以安装电动机、液压泵、集成块等部件。在安装板上装有过滤网 2、防尘盖 3，用以注油时过滤，并防止异物落入油箱。防尘盖侧面开有小孔与大气相通；油箱侧面装有液位计 6 用以显示油量；油箱底部装有排油阀 8 用以换油时排油和排污。

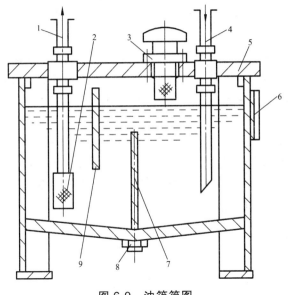

图 6-9　油箱简图

1—吸油管（注油器）；2—网式过滤器；3—防尘盖（泄油管）；4—回油管；
5—安装板；6—液位计；7—下隔板；8—排油阀；9—上隔板

2. 油箱的设计

油箱属于非标准件，在实际情况下根据需要自行设计。油箱设计时，主要考虑油箱的容积、结构、散热等问题。限于篇幅，在此仅将设计思路简介如下。

（1）油箱容积的估算。

油箱的容积是油箱设计时需确定的主要参数。油箱体积大时，散热效果好，但用油多，成本高；油箱体积小时，占用空间少，成本降低，但散热条件不足。在实际设计时，可用经验公式初步确定油箱的容积，然后再计算油箱的散热量 Q_1 和系统的发热量 Q_2。当油箱的散热量大于液压系统的发热量（$Q_1 > Q_2$）时，油箱容积合适；否则需增大油箱的容积或采取冷却措施(油箱散热量及液压系统发热量计算请查阅有关手册)。油箱容积的估算经验公式如下：

$$V = \alpha q \qquad\qquad (6-1)$$

式中 V —— 油箱的容积，L；

   q —— 液压泵的总额定流量，L/min；

   α —— 经验系数，min。

α 的数值确定如下：对于低压系统，$\alpha = 2 \sim 4$ min；对于中压系统，$\alpha = 5 \sim 7$ min；对于中、高压或高压大功率系统，$\alpha = 6 \sim 12$ min。

（2）设计时的注意事项。

在确定容积后，油箱的结构设计就成为实现油箱各项功能的主要工作。设计油箱结构时应注意以下几点：

① 箱体要有足够的强度和刚度。油箱一般用 2.5～4 mm 的钢板焊接而成，尺寸大者要加焊钢板。

② 泵的吸油管上应安装 100～200 目的网式过滤器，过滤器与箱底间的距离不应小于 20 mm，过滤器不允许露出油面，防止泵卷吸入空气产生噪声。系统的回油管要插入油面以下，防止回油冲溅产生气泡。

③ 吸油管与回油管应隔开，二者间的距离尽量远些，应当用几块隔板隔开，以增加油液的循环距离，使油液中的污物和气泡充分沉淀或析出。隔板高度一般取油面高度的 3/4。

④ 防污密封。为防止油液污染，盖板与窗口连接处均需加密封垫，各油管通过的孔都要加密封圈。

⑤ 油箱底部应有坡度，箱底与地面应有一定距离，箱底最低处要设置放油塞。

⑥ 油箱内壁表面要做专门处理。为防止油箱内壁涂层脱落，新油箱内壁要经喷丸、酸洗和表面清洗，然后可涂一层与工作液相容的塑料薄膜或耐油清漆。

6.4 热交换器

液压系统在工作时，液压油的温度应保持在 15～65 ℃，油温过高将使油液迅速变质，同时油液的黏度下降，系统的效率降低；油温过低则油液的流动性变差，系统压力损失加大，泵的自吸能力降低。因此，保持油温的数值是液压系统正常工作的必要条件。因受各种因素的限制，有时靠油箱本身的自然调节无法满足油温的需要，需要借助外界设施满足设备油温的要求。热交换器就是最常用的温控设施。热交换器分冷却器和加热器两类。

1. 冷却器

冷却器按冷却形式可分为水冷、风冷和氨冷等多种形式，其中水冷和风冷是常用的冷却形式。

图 6-10（a）为常用的蛇形管式水冷却器，将蛇形管安装在油箱内，冷却水从管内流过，带走油液内产生的热量。这种冷却器结构简单，成本低，但热交换效率低，水耗大。

图 6-10（b）为大型设备常用的壳管式冷却器，它是由壳体 1、铜管 3 及隔板 2 组成。液压油从壳体 1 的左油口进入，经多条冷却铜管 3 外壁及隔板冷却后，从壳体右口流出。冷却

水在壳体右隔箱 4 上部进水口流入，在上部铜管 3 内腔到达壳体左封堵，然后再经下部铜管 3 内腔通道，由壳体右隔箱 4 下部出水口流出。由于多条冷却铜管及隔箱的作用，这种冷却器热交换效率高，但体积大，造价高。

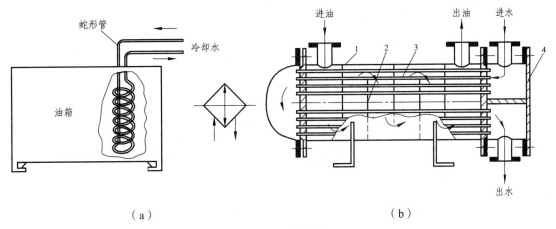

（a）　　　　　　　　　　　　　　　　　　　（b）

图 6-10　冷却器

1—壳体；2—隔板；3—铜管；4—壳体隔箱

　　近年来出现了翅片式冷却器，即冷却管外套用多个具有良好导热材料制成的散热翅片，以增加散热面积。

　　风冷式散热器在行走车辆的液压设备上应用较多。风冷式冷却器可以是排管式，也可以用翅片式（单层管壁），其体积小，但散热效率不及水冷式高。

　　冷却器一般安装在液压系统的回油路上或在溢流阀的溢流管路上。图 6-11 为冷却器安装位置的示例。液压泵输出的压力油直接进入系统，已发热的回油和溢流阀溢出的油一起，经冷却器 1 冷却后回到油箱。单向阀 2 用以保护冷却器，截止阀 3 是当不需要冷却器时打开，以提供通道。

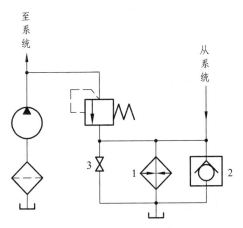

图 6-11　冷却器的安装位置

1—冷却器；2—单向阀；3—截止阀

2．加热器

液压系统中所使用的加热器一般采用电加热方式。电加热器结构简单，控制方便，可以设定所需温度，温控误差较小。但电加热器的加热管直接与液压油接触，易造成箱体内油温不均匀，有时加速油质老化。因此，可设置多个加热器，且控制加热器不宜过高。加热器 2 安装在油箱的箱体壁上，用法兰连接，如图 6-12 所示。

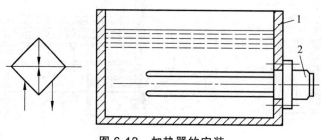

图 6-12 加热器的安装

1—油箱；2—加热器

6.5 连接件

油管、管接头称为连接件，其作用是将分散的液压元件连接起来，构成一个完整的液压系统。连接件的性能与结构对液压系统的工作状态有直接的关系。在此介绍常用的液压连接件的结构，供设计液压装置选用连接件时参考。

1．油 管

（1）油管的种类。

在液压系统中，所使用的油管种类较多，有钢管、铜管、尼龙管、塑料管、橡胶管等。在选用时，要根据液压系统压力的高低、液压元件安装的位置、液压设备工作的环境等因素选择油管。

① 钢管。

钢管分为无缝钢管和焊接钢管两类。前者一般用于高压系统，后者用于中、低压系统。钢管的特点是承压能力强，价格低廉，强度高，刚度好，但装配和弯曲较困难。目前，在各种液压设备中，钢管应用最为广泛。

② 铜管。

铜管分为黄铜管和纯铜管两类，多用纯铜管。铜管具有装配方便、易弯曲等优点，但也有强度低、抗振能力差、材料价格高、易使液压油氧化等缺点，一般用于液压装置内部难装配的地方或压力在 0.5 ~ 10 MPa 的中、低压系统。

③ 尼龙管。

这是一种乳白色半透明的新型管材，承压能力有 2.5 MPa 和 8 MPa 两种。尼龙管具有价格低廉、弯曲方便等特点，但寿命较短，多用于低压系统替代铜管使用。

④ 塑料管。

塑料管价格低，安装方便，但承压能力低，易老化。目前，只用于泄漏管和回油路。

⑤ 橡胶管。

这种油管有高压和低压两种，高压管由夹有钢丝编织层的耐油橡胶制成，钢丝层越多，油管耐压能力越高；低压管的编织层为帆布或棉线。橡胶管用于具有相对运动的液压件的连接。

（2）油管的计算。

油管的计算主要是确定油管内径和管壁的厚度。

油管内径计算式为

$$d = \sqrt{\frac{4q}{\pi} v} \qquad\qquad (6-2)$$

式中　q——通过油管的流量

　　　v——油管中推荐的流速，吸油管取 0.5 ~ 1.5 m/s，压油管取 2.5 ~ 5 m/s，回油管取 1.5 ~ 2.5 m/s。

油管壁厚度的计算式为

$$\delta \geqslant \frac{pd}{2[\sigma]} \qquad\qquad (6-3)$$

式中　p——油管内压力；

　　　$[\sigma]$——油管材料的许用应力。

$$[\sigma] = \frac{\sigma_{\mathrm{b}}}{n}$$

式中　σ_{b}——油管材料的抗拉强度；

　　　n——安全系数，对于钢管，当 $p<7$ MPa 时，取 $n=8$；当 $p<17.5$ MPa 时，取 $n=6$；当 $p>17.5$ MPa 时，取 $n=4$。

2. 管接头

管接头是连接油管与液压元件或阀板的可拆卸的连接件。管接头应满足拆卸方便、密封性好、连接牢固、外形尺寸小、降压小、工艺性好等要求。

常用的管接头种类很多，按接头的通路分类，有直通式、角通式、三通式和四通式；按接头与阀体或阀板的连接方式分类，有螺纹式、法兰式等；按油管与接头的连接方式分类，有扩口式、焊接式、卡套式、扣压式、快换式等。以下仅对后一种分类进行介绍。

（1）扩口式管接头。

图 6-13（a）所示为扩口式管接头，它是利用油管管端的扩口在管套的压紧下进行密封。这种管接头结构简单，适用于铜管、薄壁钢管、尼龙管和塑料管的接头。

（2）焊接式管接头。

图 6-13（b）所示为焊接式管接头，油管与接头内芯焊接而成，接头内芯的球面与接头体锥孔面紧密相连，具有密封性好、结构简单、耐压性强等优点。缺点是焊接较麻烦，适用于高压管壁钢管的连接。

（3）卡套式管接头。

图 6-13（c）所示为卡套式管接头，它是利用弹性极好的卡套卡住油管而密封。其特点是结构简单、安装方便，油管外壁尺寸精度要求较高。卡套式管接头适用于高压冷拔无缝钢管连接。

（4）扣压式管接头。

图 6-13（d）所示为扣压式管接头，这种管接头是由接头外套和接头芯子组成。此接头适用于软管连接。

（5）可拆卸式管接头。

图 6-13（e）所示为可拆卸式管接头，此接头的结构是在接头外套和接头芯子上做成六角形，便于经常拆卸软管，适用于高压小直径软管连接。

（6）快换式接头。

图 6-13（f）所示为快换式接头，此接头便于快速拆装油管。其原理为当卡箍向左移动时，钢珠从插嘴的环槽中向外退出，插嘴不再被卡住，可以迅速从插座中抽出。此时，管塞和在各自的弹簧力作用下将 2 个管口关闭，使油箱内的油液不会流失。这种管接头适用于需要经常拆卸的软管连接。

（7）伸缩式管接头。

图 6-13（g）所示为伸缩式管接头，这种管接头由内管、外管组成，内管可以在外管内自由滑动并用密封圈密封。内管外径必须经过精密加工。这种管接头适用于连接件有相对运动的管道的连接。

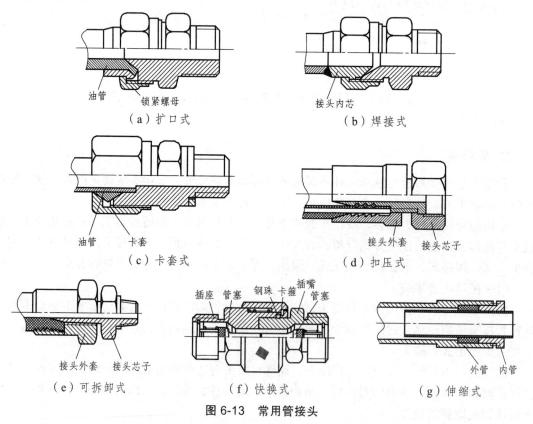

（a）扩口式　　　　（b）焊接式
（c）卡套式　　　　（d）扣压式
（e）可拆卸式　　　（f）快换式　　　（g）伸缩式

图 6-13　常用管接头

6.6　密封装置

密封装置是解决液压系统泄漏问题的有效手段之一。当液压系统的密封不好时，会因外泄漏而污染环境，还会造成空气进入液压系统而影响液压泵的工作性能和液压执行元件运动的平稳性。当内泄漏严重时，造成系统容积效率过低及油液温升过高，导致系统不能正常工作。

1. 对密封装置的要求

（1）在工作压力和一定的温度范围内，应具有良好的密封性能，并随着压力的增加能自动提高密封性能。

（2）密封装置和运动件之间的摩擦力要小，摩擦系数要稳定。

（3）抗腐蚀能力强，不易老化，工作寿命长，耐磨性好，磨损后在一定程度上能自动补偿。

（4）结构简单，使用、维护方便，价格低廉。

2. 密封装置的类型和特点

密封装置按其工作原理来分，可分为非接触式密封和接触式密封。前者主要指间隙密封，后者指密封件密封。

（1）间隙密封。

间隙密封是靠相对运动动件配合面之间的微小间隙来进行密封的。间隙密封常用于柱塞、活塞或阀的圆柱配合副中。

采用间隙密封的液压阀中，在阀芯的外表面开有几条等间距的均压槽，它的主要作用是使径向压力分布均匀，减少液压卡紧力，同时使阀芯在孔中对中性好。间隙密封是通过减少间隙的方法来减少漏油。另外均匀槽形成的阻力，对减少泄漏也有一定的作用。所开均压槽的尺寸一般宽为 0.3 ~ 0.5 mm，深为 0.5 ~ 1.0 mm。圆柱面之间的配合间隙与直径大小有关，对于阀芯与阀孔一般取 0.005 ~ 0.017 mm。这种密封的优点是摩擦小，缺点是磨损后不能自动补偿，主要用于直径较小的圆柱面之间，如液压泵内的柱塞与缸体之间、滑阀的阀芯与阀孔之间的配合。

（2）O 形密封圈。

O 形密封圈一般用耐用橡胶做成，其横截面呈圆形，它具有良好的密封性能，在内外侧和端面都能起到良好的密封作用。它具有结构紧凑、运动件的摩擦阻力小、制造容易、拆卸方便、成本低、高低压均匀可以使用等特点，在液压系统中得到广泛的应用。

O 形密封圈的结构和工作情况如图 6-14 所示。图 6-14（ a ）为 O 形密封圈的外形截面图；图 6-14（ b ）为装入密封沟槽时的情况图，其中 δ_1、δ_2 为 O 形圈装配后的预压缩量，通常用压缩率 W 表示：

$$W = \frac{d_0 - h}{d_0} \times 100\% \qquad\qquad (6\text{-}4)$$

对于固定密封、往复运动密封，压缩率应分别达到 15% ~ 20%、10% ~ 20% 和 5% ~ 10%，才能取得满意的密封效果。

当油液工作压力超过 10 MPa 时，O 形圈在往复运动中容易被油液压力挤入间隙而损坏，如图 6-15（c）所示。为此要在它的侧面安放 1.2 ~ 1.5 mm 厚的聚四氟乙烯挡圈；双向受力时，则在两侧各放一个挡圈，如图 6-14（d）、（e）所示。

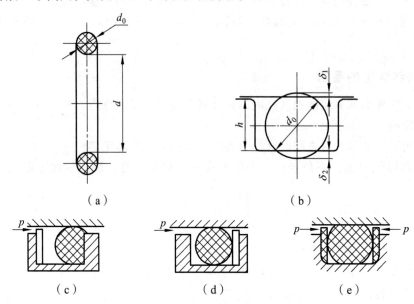

图 6-14　O 形密封圈的结构和工作情况

O 形密封圈的安装沟槽除矩形外，还有 V 形，燕尾形、半圆形、三角形等，实际应用中可以查看手册和国家标准。

（3）唇形密封圈。

唇形密封圈根据截面的形状可以分为 Y 形、V 形、U 形、L 形等，其工作原理如图 6-15 所示。液压力将两唇边 h_1 压向形成间隙的 2 个零件的表面。这种密封作用的特点是能随着工作压力的变化，自动调节密封性能，压力越高则唇边压得越紧，密封性越好；当压力下降时，唇边压紧程度也随之降低，从而减少了摩擦阻力和功率消耗。此外，还能自动补偿唇边的磨损。

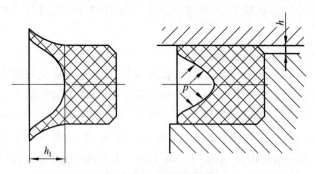

图 6-15　唇形密封圈

目前，小 Y 形密封圈在液压缸中得到广泛应用，主要用作活塞和活塞杆的密封。图 6-16（a）所示为轴用密封圈，图 6-16（b）所示为孔用密封圈。这种小 Y 形密封圈的特点，是断面的宽度和高度比值大，增加了底部的支撑宽度，以避免摩擦力造成密封圈的翻转和扭曲。

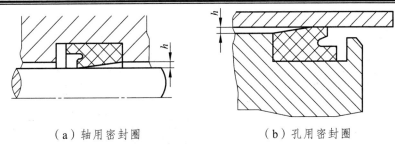

（a）轴用密封圈　　　　　　　　　（b）孔用密封圈

图 6-16　小 Y 形密封圈

在高压和超高压的情况下（压力大于 25 MPa）的轴密封多采用 V 形密封圈。V 形密封圈由多层涂胶织物压制而成，其形状如图 6-17 所示。V 形密封圈通常由压环、密封环和支撑环 3 个圈叠在一起使用，此时能保证良好的密封性。当压力更高时，可以增加中间密封环的数量。这种密封圈在安装时要预压紧，所以摩擦阻力较大。

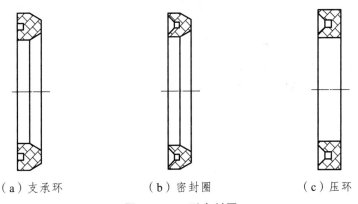

（a）支承环　　　　　　　　　（b）密封圈　　　　　　　　　（c）压环

图 6-17　V 形密封圈

唇形密封圈安装时，应使其唇边开口面对压力油，使两唇张开，分别贴紧在机件的表面。

（4）组合式密封圈。

随着技术的进步和设备性能的提高，液压系统对密封圈的要求也越来越高，普通的密封圈单独使用已不能很好地满足需求，因此，研究和开发了由包括密封圈在内的 2 个以上元件组成的组合式密封圈。

图 6-18（a）为由 O 形密封圈与截面为矩形的聚四氟乙烯塑料滑环组成的组合密封装置。滑环 2 紧贴密封面，O 形圈 1 为滑环提供弹性预压力，在介质压力等于零时构成密封。由于密封间隙靠滑环面而不是 O 形圈，因此摩擦阻力小而且稳定，可以用于 40 MPa 的高压。往复运动密封时，速度可达 15 m/s；往复摆动与螺旋运动密封时，速度可达 5 m/s。矩形滑环组合密封的缺点是抗侧倾能力稍差，在高、低压交变的场合下工作时易泄漏。

图 6-18（b）所示为由滑环 2 和 O 形圈 1 组成的轴用组合密封。由于滑环 2 与被密封件 3 之间为线密封，故其工作原理类似唇边密封。支持环采用一种经特别处理的合成材料，具有极佳的耐磨性、低摩擦和保形性，工作压力可达 80 MPa。

组合式密封装置充分发挥了橡胶密封圈和滑环各自的长处，不仅工作可靠、摩擦力低、稳定性好，而且使用寿命比普通橡胶密封提高近百倍，在工程上得到广泛的应用。

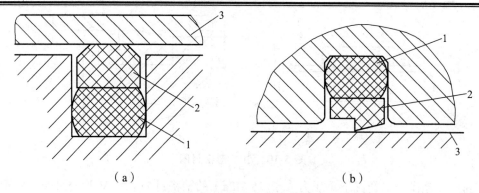

（a）　　　　　　　　　　　　（b）

图 6-18　组合式密封装置

1—O 形密封圈；2—滑环；3—被密封件

思考题

1. 蓄能器有哪些作用？如何应用蓄能器？
2. 滤油器有哪些种类？安装时应注意什么？
3. 举例说明油箱的典型结构及各部分的作用。
4. 油管和管接头有哪些类型？各适用于什么场合？

模块 3　液压基本回路

单元 7　液压基本回路概述

一台机器设备的液压系统不管多么复杂，总是由一些简单的基本回路组成。所谓液压基本回路，是指由几个液压元件组成的用来完成特定功能的典型回路。按其功能的不同，基本回路可分为压力控制回路、速度控制回路、方向控制回路和多缸动作回路等。熟悉和掌握这些回路的组成、结构、工作原理和性能，有助于更好地分析、使用和设计各种液压传动系统。

7.1　方向控制回路

方向控制回路的作用是利用各种方向控制阀来控制液压系统中各油路油液的通、断及变向，实现执行元件的启动、停止或改变运动方向。方向控制回路有换向回路和锁紧回路。

7.1.1　换向回路

换向回路的作用是变换执行元件的运动方向。系统对换向回路的基本要求是换向可靠、灵敏、平稳，换向精度合适。执行元件的换向过程一般包括执行元件的制动、停留和启动 3 个阶段。

1. 换向阀组成的换向回路

运动部件的换向，一般可采用各种换向阀来实现。

依靠重力或弹簧返回的单作用液压缸，可以采用二位三通换向阀进行换向，如图 7-1 所示。

双作用液压缸可采用各种操纵方式的换向阀（手动换向阀、机动换向阀、电磁换向阀、液动换向阀和电液换向阀等）来实现换向。

如图 7-2 所示为电磁换向阀换向回路，其中 1YA 通电时，电磁阀左位工作，液压缸左腔进油，活塞右移；1YA 断电、2YA 通电时，则电磁阀右位工作，液压缸右腔进油，活塞左移。1YA 和 2YA 都断电时，活塞停止运动。

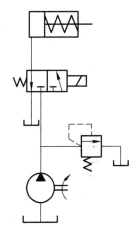

图 7-1　采用二位三通换向阀的单作用液压缸换向回路

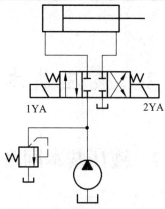

图 7-2　电磁换向阀换向回路

采用手动换向阀，其换向精度和平稳性不高，常用于换向不频繁且无需自动化的液压系统。对于速度和惯性较大的液压系统，常采用机动换向阀，只需选择运动部件上的挡块有合适的迎角或凸轮轮廓曲线，即可减小液压冲击，并具有较高的换向位置精度。

电磁换向阀使用方便，易于实现自动化，但只适用于小流量、平稳性要求不高的场合。对于流量超过 63 L/min、对换向精度与平稳性有一定要求的液压系统，宜采用液动换向阀或电动换向阀。

2. 其他方法组成的换向回路

（1）由双向变量泵组成的换向回路。

在闭式系统中，可采用双向变量泵控制液流的方向来实现执行元件的换向，如图 7-3 所示。当液压缸 5 的活塞向右运动时，其进油流量大于排油流量，双向变量泵 1 的吸油侧流量不足，辅助泵 2 通过单向阀 3 来补充。改变双向变量泵 1 的供油方向，活塞向左运动，排油流量大于进油流量，泵 1 吸油侧多余的油液通过由液压缸 5 进油侧压力控制的二位二通阀 4 和背压阀 6 排回油箱。溢流阀 8 限定补油压力，使泵吸油侧有一定的吸入压力。溢流阀 7 是防止系统过载的安全阀。这种回路适用压力较高、流量较大的场合。

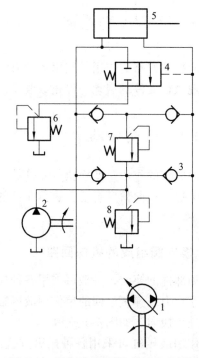

图 7-3　双向变量泵组成的换向回路

1—双向变量泵；2—辅助泵；3—单向阀；4—二位二通阀；5—液压缸；6—背压阀；7，8—溢流阀

（2）行程控制制动式连续换向回路。

如图 7-4 所示，主油路除受液动换向阀 3 控制外，还受先导阀 2 控制。当先导阀 2 在换向过程中向左移动时，先导阀阀芯的右制动锥将液压缸右腔的回油通道逐渐关小，使活塞速度逐渐减慢，对活塞进行预制动。当回油通道被关得很小（轴向开口量留 0.2～0.5 mm），活塞速度变得很慢时，换向阀 3 的控制油路才开始切换，换向阀芯向左移动，切断主油路通道，

使活塞停止运动。并且，即使它在相反的方向启动。不论运动部件原来的速度快慢如何，先导阀总是要先移动一段固定的行程 l，将工作部件先进行预制动后，再由换向阀使它换向。因此，这种制动方式称为行程控制制动式。

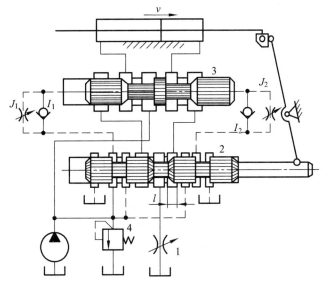

图 7-4　行程控制制动的连续换向回路

1—节流阀；2—先导阀；3—液控换向阀；4—溢流阀

这种换向回路的换向精度较高，冲击量较小。但由于先导阀的制动行程恒定不变，制动时间的长短和换向冲击的大小将受运动部件速度的影响。这种换向回路主要用在主机工作部件运动速度不大，但换向精度要求较高的场合，如内、外圆磨床的液压系统中。

7.1.2　锁紧回路

锁紧回路是切断执行元件的进、出油通道，把执行元件保持（锁定）在任意位置上的回路。

1. 利用三位换向阀的中位机能的锁紧回路

采用 O 形或 M 形机能的三位换向阀，当阀芯处于中位时，液压缸的进、出口都被封闭，可以将活塞锁紧。这种锁紧回路由于受到滑阀泄漏的影响，锁紧效果较差，如图 7-5 所示。

2. 采用液控单向阀的锁紧回路

图 7-6 是采用液控单向阀的锁紧回路。在液压缸的进、回油路中都串接液控单向阀（又称液压锁），活塞可以在行程的任何位置锁紧。其锁紧精度只受液压缸内少量的内泄漏影响，因此，锁紧精度较高。采用液控单向阀的锁紧回

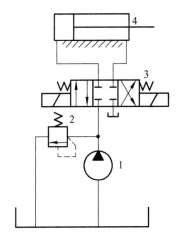

图 7-5　换向阀中位机能锁紧回路

1—液压泵；2—溢流阀；3—三位四通换向阀；4—液压缸

路，换向阀的中位机能应使液控单向阀的控制油液卸压（换向阀采用 H 形或 Y 形），此时，液控单向阀便立即关闭，活塞停止运动。如采用 O 形机能，在换向阀中位时，由于液控单向阀的控制腔压力油被闭死而不能使其立即关闭，直至由换向阀的内泄漏使控制腔泄压后，液控单向阀才能关闭，影响其锁紧精度。

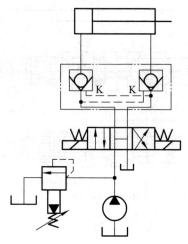

图 7-6　液控单向阀锁紧回路

7.2　压力控制回路

　　压力控制回路是用压力阀来控制和调节液压系统主油路或某一支路的压力，以满足执行元件速度换接回路所需的力或力矩的要求。这类回路包括调压、卸荷、释压、保压、增压、减压、平衡等多种回路。

7.2.1　调压回路

　　调压回路的功能在于调定或限制液压系统的最高工作压力，或者使执行机构在工作过程的不同阶段实现多级压力变换。一般是由溢流阀来实现这一功能的。

1. 单级调压回路

　　图 7-7 所示为单级调压回路，这是液压系统中最为常见的回路。调速阀调节进入液压缸的流量，定量泵提供的多余的油经溢流阀流回油箱，溢流阀起溢流恒压作用，保持系统压力稳定，且不受负载变化的影响。调节溢流阀可调整系统的工作压力。当取消系统中的调速阀时，系统压力随液压缸所受负载而变，溢流阀起安全阀作用，限定系统的最高工作压力。系统过载时，溢流阀开启，定量泵输出的压力油经溢流阀流回油箱。

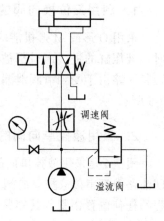

图 7-7　单级调压回路

2. 采用先导式溢流阀的多级调压回路

图 7-8 所示为二级调压回路。先导式溢流阀 1 的外控口串接二位二通换向阀 2 和远程调压阀 3，构成二级调压回路。当两个压力阀的调定压力为 $p_3 < p_1$ 时，系统可通过换向阀的左位和右位分别获得 p_3 和 p_1 两种压力。

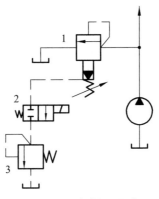

图 7-8   二级调压回路

1—先导式溢流阀；2—二位二通换向阀；3—远程调压阀

图 7-9 所示为三级调压回路。溢流阀 1 的远控口通过三位四通换向阀 4 可以分别接到具有不同调定压力的远程调压阀 2 和 3 上，当阀 4 处于左位时，阀 2 与阀 1 接通，此时回路压力由阀 2 调定；当阀 4 处于右位时，阀 3 与阀 1 接通，此时回路压力由阀 3 调定；当换向阀 4 处于中位时，阀 2 和 3 都没有与阀 1 接通，此时回路压力由阀 1 来调定。

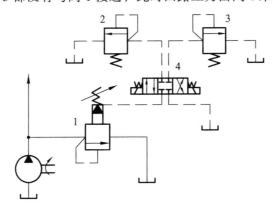

图 7-9   采用远程调压阀的多级调压回路

1—先导式溢流阀；2，3—远程调压阀；4—三位四通换向阀

在上述回路中要求阀 2 和阀 3 的调定压力必须小于阀 1 的调定压力，其实质是用 3 个先导阀分别对一个主溢流阀进行控制，通过一个主溢流阀的工作，使系统得到 3 种不同的调定压力，并且 3 种调压情况下通过调压回路的绝大部分流量都经过阀 1 的主阀阀口流回油箱，只有极少部分经过阀 2、阀 3 或阀 1 的先导阀流回油箱。

多级调压对于动作复杂，负载、流量变化较大的系统的功率合理匹配、节能、降温具有重要作用。

3．采用电液比例溢流阀的无级调压回路

当需要对一个动作复杂的液压系统进行更多级压力控制时，采用电液比例溢流阀的多级调压回路能够实现这一功能要求。但回路的组成元件多，油路结构复杂，而且系统的压力变化级数有限。

采用电液比例溢流阀同样可以实现多级调压的要求，实现一定范围内连续无级的调压，且回路的结构简单得多。图 7-10 为通过电液比例溢流阀进行无级调压的比例调压回路，系统根据液压执行元件工作过程各个阶段的不同压力要求，通过输入装置将所需要的多级压力所对应的电流信号输入到比例溢流阀 1 的控制器中，即可达到调节系统工作压力的目的。

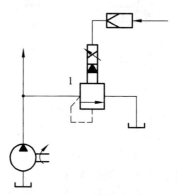

图 7-10　采用电液比例溢流阀的无级调压回路

1—电液比例溢流阀

7.2.2　减压回路

减压回路的作用是使系统中的某一部分油路或某个执行元件获得比系统压力低的稳定压力，机床的工件夹紧、导轨润滑及液压系统的控制油路常需要减压回路。

如图 7-11 所示为液压系统中的减压回路。最常见的减压回路是在所需低压的支路上串接定值减压阀，如图 7-11（a）所示。回路中的单向阀 3 用于当主油路压力低于减压阀 2 的调定值时，防止液压缸 4 的压力受其干扰，起短时保压作用。

图 7-11（b）是二级减压回路。在先导型减压阀 6 的遥控口上接入远程调压阀 7，当二位二通换向阀处于图示位置时，液压缸 4 的压力由减压阀 6 的调定压力决定；当二位二通换向阀处于右位时，缸 4 的压力由远程调压阀 7 的调定压力决定，阀 7 的调定压力必须低于阀 6。液压泵的最大工作压力由溢流阀 1 调定。减压回路也可以采用比例减压阀来实现无级减压。

为了保证减压回路的工作可靠性，减压阀的最低调整压力不应小于 0.5 MPa，最高调整压力至少比系统调整压力小 0.5 MPa。由于减压阀工作时存在阀口的压力损失和泄漏口泄漏造成的容积损失，故这种回路不宜用在压力或流量较大的场合。

必须指出的是，负载在减压阀出口处所产生的压力应不低于减压阀的调定压力，否则减压阀不可能起到减压、稳压作用。

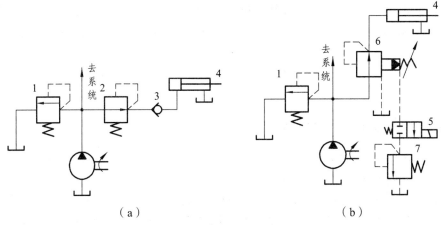

图 7-11 减压回路

1—溢流阀；2—减压阀；3—单向阀；4—液压缸；5—二位二通换向阀；
6—先导式减压阀；7—远程调压阀

7.2.3 增压回路

1. 单作用增压器的增压回路

如图 7-12 所示，增压缸由大缸 A_1 和小缸 A_2 两部分组成，大活塞和小活塞由一根活塞杆连接在一起。当压力油由泵 1 经换向阀 3 进入大缸 A_1 推动活塞向右运动时，从小缸中便能输出高压油，其原理如下：

作用在大活塞上的力 F_1 为

$$F_1 = p_1 A_1$$

式中 p_1 ——液压缸 A_1 腔的压力；

A_1 ——大活塞面积。

在小活塞上产生的作用力 F_2 为

$$F_2 = p_2 A_2$$

式中 p_2 ——液压缸 A_2 腔的压力；

A_2 ——小活塞面积。

活塞两端受力相平衡，则 $F_1 = F_2$。

即

$$p_2 = p_1 \frac{A_1}{A_2} = p_1 K$$

$$p_1 A_1 = p_2 A_2$$

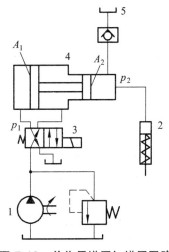

图 7-12 单作用增压缸增压回路

1—液压泵；2—液压缸；3—换向阀；
4—增压缸；5—油箱

式中 K ——增压比，$K = \dfrac{A_1}{A_2}$。

因为 $A_1 > A_2$，$K > 1$，即增压缸 A_2 腔输出的油压 p_2 是输入液压缸 A_1 腔的油压 p_1 的 K 倍。这样就达到了增压的目的。

工作缸 2 是单作用缸，活塞靠弹簧复位。为补偿增压缸小缸 A_2 和工作缸 2 的泄漏，增设了由单向阀和副油箱组成的补油装置。这种回路不能得到连续的高压，适用于行程较短的单作用液压缸。

单作用增压器的增压回路适用于单向作用力大、行程小、作业时间短的场合，如制动器、离合器等。

2. 双作用增压器的增压回路

图 7-13 是采用双作用增压器的增压回路，它能连续输出高压油，适用于增压行程要求较长的场合。当工作缸 4 向左运动遇到较大负载时，系统压力升高，油液经顺序阀 1 进入双作用增压器 2。增压器活塞不论向左或向右运动，均能输出高压油，只要换向阀 3 不断切换，增压器 2 就不断往复运动，高压油就连续经单向阀 7 或 8 进入工作缸 4 右腔，此时单向阀 5 或 6 有效地隔开了增压器的高、低压油路。工作缸 4 向右运动时，增压回路不起作用。

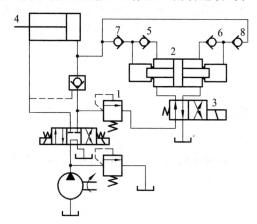

图 7-13　双作用增压器的增压回路

1—顺序阀；2—增压器；3—换向阀；4—工作缸；5，6，7，8—单向阀

7.2.4　卸荷回路

卸荷回路是在系统执行元件短时间不工作时，不频繁启停驱动泵的原动机，而使泵在很小的输出功率下运转的回路。所谓卸荷就是使液压泵在输出压力接近为零的状态下工作。因为泵的输出功率等于压力和流量的乘积，因此卸荷的方法有两种，一种是将泵的出口直接接回油箱，使泵在零压或接近零压下工作；另一种是使泵在零流量或接近零流量下工作。前者称为压力卸荷，后者称为流量卸荷。流量卸荷仅适用于变量泵。

1. 利用换向阀中位机能的卸荷回路

在定量泵系统中，利用三位换向阀 M、H、K 形等中位机能的结构特点，可以实现泵的压力卸荷。如图 7-14（a）所示为采用 M 形中位机能的卸荷回路。这种卸荷回路的结构简单，但当压力较高、流量大时，易产生冲击，一般用于低压、小流量场合。当流量较大时，可用液动或电液换向阀来卸荷，但应在其回油路上安装一个单向阀（作背压阀用），使回路在卸荷状况下，能够保持有 0.3～0.5 MPa 的控制压力，实现卸荷状态下对电液换向阀的操纵，但这样会增加一些系统的功率损失。

2. 采用二位二通电磁换向阀的卸荷回路

如图 7-14（b）所示为采用二位二通电磁换向阀的卸荷回路。在这种卸荷回路中，主换向阀的中位机能为 O 形。利用与液压泵和溢流阀同时并联的二位二通电磁换向阀的通与断，实现系统的卸荷与保压功能，但要注意二位二通电磁换向阀的压力和流量参数要完全与对应的液压泵相匹配。

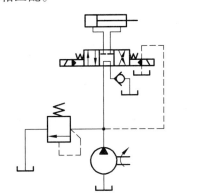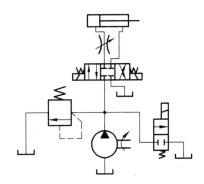

（a）用主换向阀中位机能的卸荷回路　　　（b）用二位二通换向阀的卸荷回路

图 7-14　卸荷回路

3. 采用先导型溢流阀和电磁阀组成的卸荷回路

图 7-15 是采用二位二通电磁阀控制先导型溢流阀的卸荷回路。当先导型溢流阀 1 的远控口通过二位二通电磁阀 2 接通油箱时，此时阀 1 的溢流压力为溢流阀的卸荷压力，使液压泵输出的油液以很低的压力经溢流阀 1 和阀 2 流回油箱，实现泵的卸荷。为防止系统卸荷或升压时产生压力冲击，一般在溢流阀远控口与电磁阀之间可设置阻尼孔 3。这种卸荷回路可以实现远程控制，同时二位二通电磁阀可选用小流量规格，其卸荷时的压力冲击较采用二位二通电磁换向阀卸荷的冲击小一些。

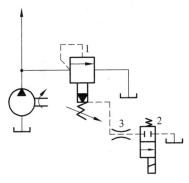

图 7-15　先导型溢流阀和电磁阀组成的卸荷回

1—先导型溢流阀；2—二位二通电磁阀；3—阻尼孔

4. 采用限压式变量泵的流量卸荷

利用限压式变量泵压力反馈来控制流量变化的特性，可以实现流量卸荷，如图 7-16 所示。系统中的溢流阀 4 作安全阀用，以防止泵的压力补偿装置的零漂和动作滞缓导致系统压力异常。这种回路在卸荷状态下具有很高的控制压力，特别适合各类成型加工机床模具的合模保压控制，使机床的液压系统在卸荷状态下实现保压，有效减少了系统的功率匹配，极大地降低了系统的功率损失和发热。

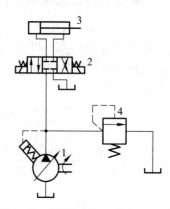

7.2.5　保压回路

保压回路的功能在于使系统在液压缸加载不动或因工件变形而产生微小位移的工况下能保持稳定不变的压力，并且使液压泵处于卸荷状态。保压性能的 2 个主要指标为保压时间和压力稳定性。

图 7-16　限压式变量泵卸荷回路

1—限压式变量泵；2—换向阀；
3—液压缸；4—溢流阀

1. 利用蓄能器的保压回路

图 7-17 所示为用蓄能器保压的回路。系统工作时，电磁换向阀 6 的左位通电，主换向阀左位接入系统，液压泵向蓄能器和液压缸左腔供油，并推动活塞右移。压紧工件后，进油路压力升高，升至压力继电器调定值时，压力继电器发讯使二位二通阀 3 通电，通过先导式溢流阀使泵卸荷，单向阀自动关闭，液压缸则由蓄能器保压。蓄能器的压力不足时，压力继电器复位使泵重新工作。保压时间的长短取决于蓄能器的容量，调节压力继电器的通断区间即可调节缸中压力的最大值和最小值。这种回路既能满足保压工作需要，又能节省功率，减少系统发热。

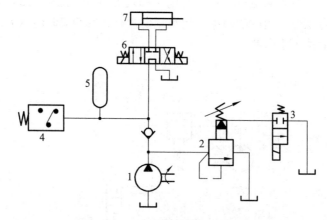

图 7-17　利用蓄能器的保压回路

1—液压泵；2—先导式溢流阀；3—二位二通换向阀；4—压力继电器；
5—蓄能器；6—电磁换向阀；7—液压缸

2. 利用液压泵的保压回路

如图 7-18 所示，在回路中增设一台小流量高压补油泵 10，组成双泵供油系统。当液压缸加压完毕要求保压时，由压力继电器 7 发讯，换向阀 3 处于中位，主泵 1 卸载，同时二位二通换向阀 8 处于右位，由高压补油泵 10 向封闭的保压系统供油，维持系统压力稳定。由于高压补油泵只需补偿系统的泄漏量，可选用小流量泵（功率损失小）。压力稳定性取决于溢流阀 9 的稳压精度。

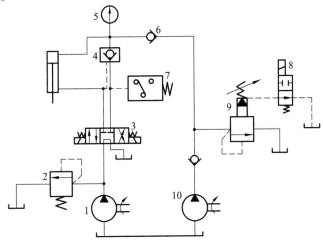

图 7-18 用高压补油泵的保压回路

1—主泵；2—溢流阀；3—电磁换向阀；4—液控单向阀；5—压力表；6—单向阀；
7—压力继电器；8—二位二通换向器；9—先导式溢流阀；10—高压补油泵

3. 利用液控单向阀的保压回路

如图 7-19 所示，当液压缸 7 上腔压力达到保压数值时，压力继电器发出电信号，三位四通电磁换向阀 3 回复中位，泵 1 卸荷，液控单向阀 6 立即关闭。液压缸 7 上腔油压依靠液控单向阀内锥阀关闭的严密性来保压。

7.2.6 平衡回路

平衡回路的功能在于使执行元件的回油路上保持一定的背压值，以平衡重力负载，使之不会因自重而自行下落。

1. 采用单向顺序阀的平衡回路

图 7-20（a）是采用单向顺序阀的平衡回路，调整顺序阀，使其开启压力与液压缸下腔作用面积的乘积稍大于垂直运动部件的重力。当活塞下

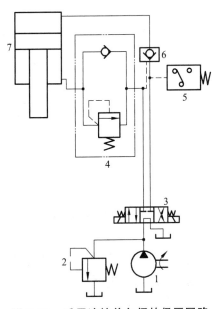

图 7-19 采用液控单向阀的保压回路

1—变量泵；2—溢流阀；3—换向阀；4—顺序阀；
5—压力继电器；6—液控单向阀；7—液压缸

行时，由于回油路上存在一定的背压来支承重力负载，只有在活塞的上部具有一定压力时，活塞才会平稳下落；当换向阀处于中位时，活塞停止运动，不再继续下行。此处的顺序阀又被称作平衡阀。在这种平衡回路中，顺序阀调整压力调定后，若工作负载变小，则泵的压力需要增加，将使系统的功率损失增大。由于滑阀结构的顺序阀和换向阀存在内泄漏，使活塞很难长时间稳定地停在任意位置，这样会造成重力负载装置下滑，故这种回路适用于工作负载固定且液压缸活塞锁定定位要求不高的场合。

2. 单向液控单向阀的平衡回路

如图 7-20（b）所示，由于液控单向阀 1 为锥面密封结构，其闭锁性能好，能够保证活塞较长时间在停止位置处不动。在回油路上串联单向节流阀 2，用于保证活塞下行运动的平稳性。如回油路上没有串接节流阀 2，活塞下行时，液控单向阀 1 被进油路上的控制油打开，回油腔因没有背压，运动部件由于自重而加速下降，造成液压缸上腔供油不足而压力降低，使液控单向阀 1 因控制油路降压而关闭，加速下降的活塞突然停止；阀 1 关闭后控制油路又重新建立起压力，阀 1 再次被打开，活塞再次加速下降，这样不断重复。由于液控单向阀时开时闭，使活塞一路抖动向下运动，并产生强烈的噪声、振动和冲击。

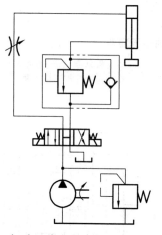　　　　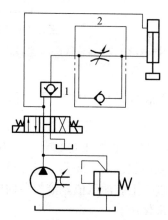

（a）采用单向顺序阀的平衡回路　　　（b）采用单向液控单向阀的平衡回路

图 7-20　平衡回路

1—液控单向阀；2—单向节流阀

7.3　速度控制回路

在液压传动系统中，调速是为了满足执行元件对工作速度的要求，因此调速是系统的核心问题。常用的速度控制回路有调速回路、快速回路、速度换接回路等，本节将分别对上述 3 种回路进行介绍。

7.3.1 调速回路

在液压传动系统中，执行元件主要是液压缸和液压马达。在不考虑液压油的压缩性和元件泄漏的情况下，液压缸的运动速度 v 取决于流入或流出液压缸的流量及相应的有效工作面积，即

$$v = \frac{q}{A} \tag{7-1}$$

式中　q —— 流入（或流出）液压缸的流量；

　　　A —— 液压缸进油腔（或回油腔）的有效工作面积。

由式（7-1）可知，要调节液压缸的工作速度，可以改变输入执行元件的流量，也可以改变执行元件的有效工作面积。对于确定的液压缸来说，改变其有效工作面积是比较困难的，因此，通常需要改变液压缸的输入流量 q。

液压马达的转速 n_M 由进入马达的流量 q 和马达的排量 V_M 决定，即

$$n_M = \frac{q}{V_M} \tag{7-2}$$

由式（7-2）可知，可以改变输入液压马达的流量 q，或改变变量马达排量 V_M 来控制液压马达的转速。

为了改变进入执行元件的流量，可采用定量泵和溢流阀构成的恒压源与流量控制阀的方法，也可以采用变量泵供油的方法。目前，调速回路主要有以下 3 种调速方式：

（1）节流调速。采用定量泵供油，通过改变流量控制阀通流面积的大小，来调节流入或流出执行元件的流量实现调速。多余的流量由溢流阀溢流回油箱。

（2）容积调速。通过改变变量泵或改变变量马达的排量来实现调速。

（3）容积节流调速。综合利用流量阀及变量泵来共同调节执行机构的速度。

1．节流调速回路

节流调速回路的优点是结构简单、工作可靠、造价低和使用维护方便，因此在机床液压系统中得到广泛运用；其缺点是能量损失大、效率低、发热多，多用于小功率系统中。按流量控制阀在液压系统中位置的不同，节流调速回路可分为进油节流调速回路、回油节流调速回路、旁路节流调速回路。

（1）进油节流调速回路。

图 7-21 所示为进油节流调速回路。这种调速回路是将节流阀串联在液压缸的进油路上，用定量泵供油，且在泵的出口处并联一个溢流阀。泵输出的油液一部分经节流阀进入液压缸的工作腔，推动活塞运动，多余的油液经溢流阀流回油箱。由于溢流阀处于溢流状态，因此泵的出口压力保持恒定。调节节流阀的通流面积，即可调节通过节流阀的流量，从而调节液压缸的工作速度。

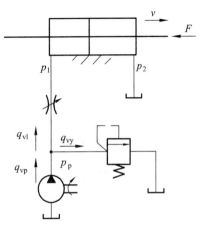

图 7-21　进油节流调速回路

进油节流调速回路，适宜小功率、负载较稳定、对速度稳定性要求不高的液压系统。

（2）回油节流调速回路。

图 7-22 所示为回油节流调速回路。这种调速回路是将节流阀串接在液压缸的回油路上，定量泵的供油压力由溢流阀调定并基本上保持恒定不变。该回路的调节原理是借助节流阀控制液压缸的回油量 q_2，实现速度的调节。

回油节流调速回路有溢流和节流损失，回路效率低，适用于小功率系统。

（3）旁路节流调速回路。

如图 7-23 所示，这种回路把节流阀接在与执行元件并联的旁油路上。定量泵输出的流量一部分通过节流阀溢回油箱，一部分进入液压缸，使活塞获得一定的运动速度。通过调节节流阀的通流面积 A_T，就可调节进入液压缸的流量，即可实现调速。溢流阀作安全阀用，正常工作时关闭，过载时才打开，其调定压力为最大工作压力的 1.1～1.2 倍。在工作过程中，定量泵的压力随负载变化而变化。设泵的理论流量为 q_t，泵的泄漏系数为 k_1，其他符号意义同前，则缸的运动速度为

$$v = \frac{q_1}{A_1} = \frac{q_t - k_1 \dfrac{F}{A_1} - KA_T \left(\dfrac{F}{A_1}\right)^m}{A_1} \tag{7-3}$$

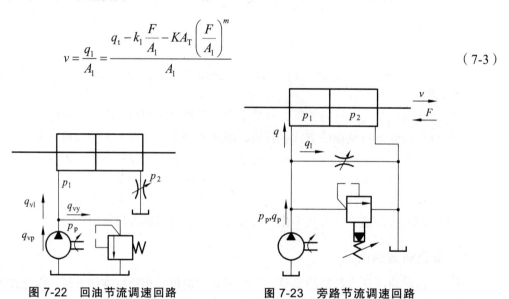

图 7-22 回油节流调速回路 　　　　图 7-23 旁路节流调速回路

当节流阀通流面积一定而负载增加时，速度下降较前两种回路更为严重，即特性很软，速度稳定性很差；在重载高速时，速度刚度较好，这与前两种回路恰好相反。其最大承载能力随节流口 A_T 的增加而减小，即旁路节流调速回路的低速承载能力很差，调速范围也小。

这种回路只有节流损失而无溢流损失。泵压随负载的变化而变化，节流损失和输入功率也随负载的变化而变化。因此，本回路比前两种回路效率高。

2. 容积调速回路

节流调速回路由于有节流损失和溢流损失，所以只适用于小功率系统。容积调速回路主要是利用改变变量泵的排量或改变变量马达的排量来实现调速的，其主要优点是没有节流损失和溢流损失，因而效率高，系统温升小，适用于大功率系统。

（1）变量泵和定量执行元件组成的容积调速回路。

图 7-24 所示是变量泵和定量执行元件组成的容积调速回路。其中图 7-24（a）所示为变量泵和液压缸组成的开式回路；图 7-24（b）所示为变量泵和定量马达组成的闭式回路。显然，改变变量泵的排量即可调节液压缸的运动速度和液压马达的转速。两图中的溢流阀均起安全阀作用，用于防止系统过载；单向阀 3 用来防止停机时油液倒流入油箱和空气进入系统。

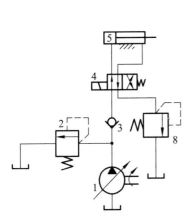
（a）变量泵-液压缸容积调速回路

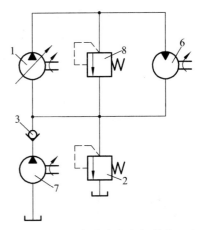
（b）变量泵-定量马达容积调速回路

图 7-24　变量泵和定量执行元件的容积调速回路

1—变量泵；2，8—溢流阀；3—单向阀；4—换向阀；5—液压缸；6—液压马达；7—补油泵

在上述回路中，泵的输出流量全部进入液压缸（或液压马达），在不考虑泄漏影响时，液压缸活塞的运动速度为

$$v = \frac{q_{\mathrm{p}}}{A_1} = \frac{V_{\mathrm{p}} n_{\mathrm{p}}}{A_1} \tag{7-4}$$

液压马达的转速为

$$n_{\mathrm{M}} = \frac{q_{\mathrm{p}}}{V_{\mathrm{M}}} = \frac{V_{\mathrm{p}} n_{\mathrm{p}}}{V_{\mathrm{M}}} \tag{7-5}$$

式中　q_{p}——变量泵的流量；

　　　V_{p}、V_{M}——变量泵和液压马达的排量；

　　　n_{p}、n_{M}——变量泵和液压马达的转速；

　　　A_1——液压缸的有效工作面积。

这种回路有以下特性：

① 调节变量泵的排量 V_{p} 便可控制液压缸（或液压马达）的速度，由于变量泵能将流量调得很小，故可以获得较低的工作速度，因此调速范围较大。

② 若不计系统损失，从液压马达的扭矩公式 $T = \dfrac{p_{\mathrm{p}} V_{\mathrm{M}}}{2\pi}$ 和液压缸的推力公式 $F = p_{\mathrm{p}} A_1$ 来看，其中 p_{p} 为变量泵的压力，由安全阀限定；另外，液压马达排量 V_{M} 和液压缸面积 A_1 均固定不变。因此在用变量泵的调速系统中，液压马达（液压缸）能输出的扭矩（推力）不变，故这种调速称为恒扭矩（恒推力）调速。

③若不计系统损失，液压马达（液压缸）的输出功率 P_M 等于液压泵的功率 P_p，即 $P_M = P_p = p_p V_p n_p = p_p V_M n_M$。式中泵的压力 p_p、马达的排量 V_M 为常量，因此回路的输出功率是随液压马达的转速 $n_M(V_p)$ 的改变呈线性变化。

（2）定量泵和变量马达组成的容积调速回路。

图 7-25 所示为定量泵和变量马达组成的容积调速回路。在这种容积调速回路中，泵的排量 V_p 和转速 n_p 均为常数，输出流量不变。补油泵 4，溢流阀 3、5 的作用与变量泵-定量马达调速回路中的一样。该回路通过改变变量马达的排量 V_M 来改变马达的输出转速 n_M。

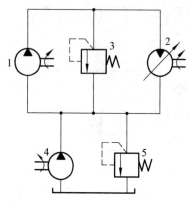
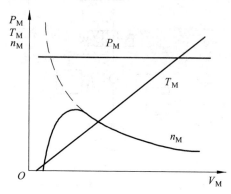

（a）定量泵-变量马达容积调速回路图　　　　　　　（b）调速回路特性曲线

图 7-25　定量泵-变量马达调速回路

1—定量泵；2—变量马达；3，5—溢流阀；4—补油泵

① 根据 $n_M = \dfrac{q_p}{V_M}$ 可知，马达输出转速 n_M 与排量 V_M 成反比，调节 V_M 即可改变马达的转速 n_M，但 V_M 不能调得过小（这时输出转矩将减小，甚至不能带动负载），故限制了转速的提高。这种调速回路的调速范围较小。

② 液压马达的扭矩公式为 $T_M = \dfrac{p_p V_M}{2\pi}$，式中 p_p 为定量泵的限定压力，若减小变量马达的排量 V_M，则液压马达的输出扭矩 T_M 将减小。由于 V_M 与 n_M 成反比，当 n_M 增大时，扭矩 T_M 将逐渐减小，故这种回路的输出扭矩为变值。

③ 定量泵的输出流量 q_p 是不变的，泵的供油压力 p_p 由安全阀限定。若不计系统损失，则液压马达输出功率 $P_M = P_p = p_p \cdot q_p$，即液压马达的输出最大功率不变。故这种调速称为恒功率调速。

这种调速回路能适应机床主运动所要求的恒功率调速的特点，但调速范围小。同时，若用液压马达来换向，要经过排量很小的区域，这时转速很高，反向易出故障。因此，这种调速回路目前较少单独应用。

（3）变量泵和变量马达组成的容积调速回路。

图 7-26 所示为采用双向变量泵和双向变量马达的容积调速回路。改变双向变量泵 1 的供油方向，可使双向变量马达 2 正转或反转。在图 7-26（a）中，回路左侧的 2 个单向阀 6 和 8 用于使辅助泵 4 能双向补油，补油压力由溢流阀 5 调定。右侧两个单向阀 7 和 9 使安全阀 3 在双向变量马达 2 的正反两个方向都能起过载保护作用。

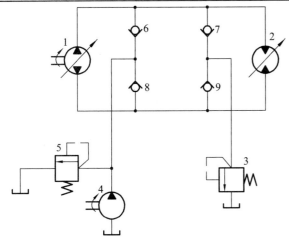

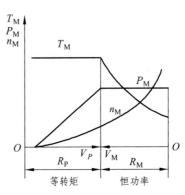

（a）双向变量泵-变量马达容积调速回路图　　　（b）调速回路特性曲线

图 7-26　变量泵-变量马达容积调速回路

1—双向变量泵；2—双向变量马达；3—安全阀；4—辅助泵；5—溢流阀；6，7，8，9—单向阀

这种回路的调速特性曲线是恒扭矩调速和恒功率调速的组合，如图 7-26（b）所示。由于许多设备在低速时要求有较大的扭矩，在高速时又希望输出功率能基本不变。所以当变量液压马达的输出转速 n_{M} 由低向高调节时，分为两个阶段：

第一阶段，应先将变量液压马达的排量 V_{M} 固定在最大值上，然后调节变量泵的排量 V_{p}，使其流量 q_{p} 逐渐增加，变量液压马达的转速便从最小值 $n_{\mathrm{M\,min}}$ 逐渐升高到 n'_{M}。此阶段属于恒扭矩调速，其调速范围 $R_{\mathrm{p}}=\dfrac{n'_{\mathrm{M}}}{n_{\mathrm{M\,min}}}$。

第二阶段，将变量泵的排量 V_{P} 固定在最大值上，然后调节变量液压马达，使它的排量 V_{M} 由最大逐渐减小，变量液压马达的转速自 $n_{\mathrm{M\,min}}$ 到 n'_{M} 处逐渐升高，直至达到其允许最高转速 $n_{\mathrm{M\,max}}$ 处为止。此阶段属于恒功率调速，它的调速范围为 $R_{\mathrm{M}}=\dfrac{n_{\mathrm{M\,max}}}{n'_{\mathrm{M}}}$。

因此，回路总的调速范围为 $R=R_{\mathrm{p}}R_{\mathrm{M}}=\dfrac{n_{\mathrm{M\,max}}}{n_{\mathrm{M\,min}}}$，其值可达 100 以上。这种回路的调速范围大，并且有较大的工作效率，适用于机床主运动等大功率液压系统。

在容积调速回路中，泵的工作压力是随负载变化而变化的。而液压泵和执行元件的泄漏量随着工作压力的增加而增加，由于泄漏的影响，使液压马达的转速随着负载的增加而有所下降。

3. 容积节流调速回路

容积调速回路，虽然具有效率高、发热小的优点，但是，随着负载的增加，容积效率将下降，于是速度发生变化，尤其在低速时稳定性差。因此，有些机床的进给系统，为了减少发热，并满足速度稳定性的要求，常采用容积节流调速回路。

容积节流调速回路是用变量泵供油，用调速阀（或节流阀）改变进入液压缸的流量，以实现对工作速度的调节，这时泵的供油量与液压缸所需的流量相适应。这种回路的特点是效率高、发热小，速度刚性要比容积调速好。

（1）限压式变量泵和调速阀组成的容积节流调速回路。

图 7-27 所示为限压式变量泵和调速阀组成的容积调速回路。在这种回路中，由限压式变量泵 1 供油，为获得更低的稳定速度，一般将调速阀 2 安装在进油路中，回油路中装有背压阀 6。空载时，泵以最大流量进入液压缸使其快进，进入工作进给（简称工进）时，电磁阀 3 通电使其所在油路断开，压力油经调速阀 2 流入缸内。工进结束后，压力继电器 5 发出信号，使阀 3 和阀 4 换向，调速阀被短接，液压缸快退，油液经背压阀 6 返回油箱，调速阀 2 也可放在回油路上。但对于单杆缸，为获得更低的稳定速度，应放在进油路上。

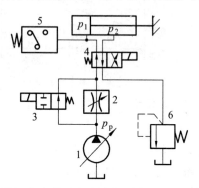
（a）限压式变量泵与调速阀联合调速回路图

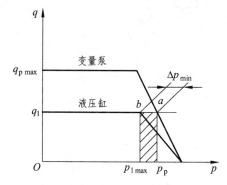
（b）调速回路特性曲线

图 7-27　限压式变量泵与调速阀联合调速回路
1—限压式变量泵；2—调速阀；3，4—电磁换向阀；5—压力继电器；6—溢流阀

当回路处于工进阶段时，液压缸的运动速度由调速阀中节流阀的通流面积 A_T 来控制。变量泵的输出流量 q_p 和供油压力 p_p 自动保持相应的恒定值。由于这种回路中，泵的供油压力基本恒定，因此也称为定压式容积节流调速回路。

（2）差压式变量泵和节流阀组成的调速回路。

这种调速回路采用差压式变量泵供油，用节流阀控制进入液压缸或从液压缸流出的流量。图 7-28 所示是节流阀安装在进油路上的调速回路，其中阀 7 为背压阀，阀 9 为安全阀。泵的配油盘上的吸、排油窗口对称于垂直轴，变量机构由定子两侧的控制缸 1、2 组成，节流阀前的压力 p_p 反馈作用在控制缸 2 的有杆腔和控制柱塞 1 上，节流阀后的压力 p_1 反馈作用在控制缸 2 的无杆腔，柱塞 1 的直径与缸 2 的活塞杆直径相等，即节流阀两端压差作用在定子两侧的作用面积相等。定子的移动（即偏心量的调节）靠控制缸两腔的液压作用力之差与弹簧力 F_s 的平衡来实现。压力差增大时，偏心量减小，供油量减小；压力差一定时，供油量也一定。调节节流阀的开口量，即

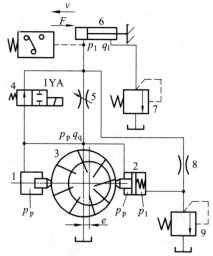
**图 7-28　差压式变量泵和
节流阀组成的容积节流回路**
1，2—控制缸；3—差压式变量泵；4—换向阀；
5—节流阀；6—液压缸；7—背压阀；
8—阻尼孔；9—溢流阀

改变其两端压力差，也改变了泵的偏心量，使其输油量与通过节流阀进入液压缸的流量相适应。阻尼孔 8 用以增加变量泵定子移动阻尼，改善动态特性，避免定子发生振荡。

系统在图示位置时，泵排出的油液经阀 4 进入缸 6，故 $p_p = p_1$，泵的定子两侧的液压作用力相等，定子仅受 F_s 的作用，从而使定子与转子间的偏心距 e 为最大，泵的流量最大，缸 6 实现快进。快进结束，1YA 通电，阀 4 关闭，泵的油液经节流阀 5 进入缸 6，故 $P_p > p_1$，定子右移，使 e 减小，泵的流量就自动减小至与节流阀 5 调定的开度相适应为止，液压缸 6 实现慢速工进。

当外负载 F 增大（或减小）时，缸 6 工作压力 p_1 就增大（或减小），则泵的工作压力 P_p 也相应增大（或减小），故又称此回路为变压式容积节流调速回路。由于泵的供油压力随负载变化而变化，回路中又只有节流损失，没有溢流损失，因而其效率比限压式变量泵和调速阀组成的调速回路要高。这种回路适用于负载变化大，速度较低的中、小功率场合，如某些组合机床进给系统。

4. 调速回路的比较和选用

（1）调速回路的性能比较。

调速回路主要性能比较如表 7-1 所示。

表 7-1 调速回路主要性能比较

主要性能		节流调速回路				容积调速回路	容积节流调速回路	
		用节流阀调节		用调速阀调节			限压式	差压式
		进、回路	旁路	进、回路	旁路			
机械特性	速度稳定性	较差	差	好		较好	好	
	承载能力	较好	较差	好		较好	好	
调速特性（调速范围）		较大	小	较大		大	较大	
功率特性	效率	低	较高	低	较高	最高	较高	高
	发热	大	较小	大	较小	最小	较小	小
适用范围		小功率、轻载或低速的中、低压系统				大功率，重载，高速的中、高压系统	中、小功率的中压系统	

（2）调速回路的选用。

调速回路的选用主要考虑以下问题：

① 执行机构的负载性质、运动速度、速度稳定性等要求。

在工作中，负载小且负载变化也小的系统，可采用节流阀节流调速；在工作中，负载变化较大且要求低速稳定性好的系统，宜采用调速阀的节流调速或容积节流调速；负载大、运动速度高、油的温升要求小的系统，宜采用容积调速回路。

一般来说，功率在 3 kW 以下的液压系统宜采用节流调速；功率在 3 ~ 5 kW 的宜采用容积节流调速；功率在 5 kW 以上的宜采用容积调速回路。

② 工作环境要求。处于温度较高的环境下工作，且要求整个液压装置体积小、质量轻的

情况，宜采用闭式回路的容积调速。

③ 经济性要求。节流调速回路的成本低，功率损失大，效率也低；容积调速回路因变量泵、变量马达的结构较复杂，所以价格高，但其效率高，功率损失小；而容积节流调速回路则介于两者之间。所以需综合分析选用哪种回路。

7.3.2　快速运动回路

快速运动回路的功用在于使执行元件获得尽可能大的工作速度，以提高系统的工作效率。常见的快速运动回路有以下几种：

1. 液压缸差动连接的快速运动回路

对于单杆活塞式液压缸，将缸的 2 个油口连通，就形成了差动回路。差动回路减小了液压缸的有效作用面积，使推力减小，速度增加。

图 7-29 所示是差动回路的一种形式。换向阀 2 在左位时，活塞向右运动，空程负载小，液压缸 4 右腔排出的油经单向阀 1 进入液压缸无杆腔，形成差动回路。当活塞杆碰到工件时，左腔压力升高，外控顺序阀 3 开启，液压缸右腔油液排回到油箱，自动转入工作行程。该回路属压力信号控制动作换接。

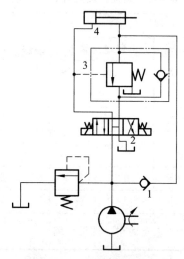

图 7-29　差动快速回路

1—单向阀；2—换向阀；3—顺序阀；4—液压缸

该回路结构简单，易于实现，应用普遍，增速为两倍左右，在组合机床中常和变量泵联合使用。

2. 采用蓄能器的快速运动回路

采用蓄能器的快速回路，是在执行元件不动或需要较少的压力油时，将其余的压力油储存在蓄能器中，需要快速运动时再释放出来。该回路的关键在于能量储存和释放的控制方式。

图 7-30 所示是采用蓄能器的快速回路之一，用于液压缸间歇式工作。当液压缸不动时，换向阀 5 中位将液压泵与液压缸断开，液压泵 1 的油经单向阀 3 给蓄能器充油。当蓄能器压力达到卸荷阀 2 的调定压力时，阀 2 开启，液压泵卸荷。当需要液压缸动作时，阀 5 换向，阀 2 关闭后，蓄能器和泵一起给液压缸供油，实现快速运动。该回路可减小液压装置功率，实现高速运动。

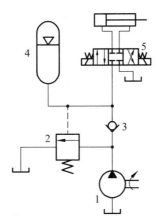

图 7-30　用蓄能器的快速回路

1—液压泵；2—溢流阀；3—单向阀；4—蓄能器；5—换向阀

3. 采用双泵供油系统的快速运动回路

图 7-31 是常用的双泵供油快速回路，一般 1 是高压小流量泵，2 是低压大流量泵，4 是卸荷阀。当系统压力较小、卸荷阀未开启时，泵 1 和泵 2 一起向系统供油，实现快速运动。当系统压力升高到卸荷阀 4 的调定压力时，泵 2 的油液经卸荷阀流回油箱，仅泵 1 给系统供油，自动转换为工作行程。溢流阀 3 用于限制系统的最高压力。

该回路效率高，转换方式灵活，回路较复杂，适用于快、慢速差别较大的液压系统。

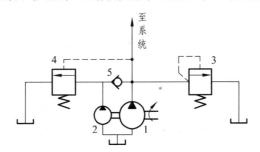

图 7-31　用蓄能器的快速回路

1—高压小流量泵；2—低压大流量泵；3，4—溢流阀；5—单向阀

7.3.3　换速回路

速度换接回路的功用是使液压执行机构在一个工作循环中，从一种运动速度换接到另一种运动速度。这种转换不仅包括快速转慢速的换接，而且也包括 2 个慢速之间的换接。实现

这些功能的回路应具有较高的速度换接平稳性。

1. 快、慢速换接回路

图 7-32 为用行程阀实现的速度换接回路。该回路可使执行元件完成"快进—工进—快退—停止"这一自动工作循环。在图示位置，电磁换向阀 2 处在右位，液压缸 7 快进。此时，溢流阀处于关闭状态。当活塞所连接的液压挡块压下行程阀 6 时，行程阀上位工作，液压缸右腔只能经过节流阀 5 回油，构成回油节流调速回路，活塞运动速度转变为慢速工进，此时，溢流阀处于溢流恒压状态。当电磁换向阀 2 通电处于左位时，压力油经单向阀 4 进入液压缸右腔，液压缸左腔的油液直接流回油箱，活塞快速退回。这种回路的快速与慢速的换接过程比较平稳，换接点的位置比较准确；其缺点是行程阀必须安装在装备上，管路连接较复杂。

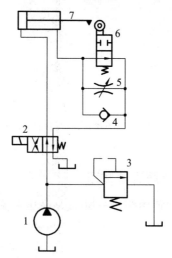

图 7-32　采用行程阀实现的速度换接回路

1—液压泵；2—电磁换向阀；3—溢流阀；4—单向阀；5—节流阀；6—行程阀；7—液压缸

若将行程阀改为电磁换向阀，则安装比较方便，除行程开关需装在机械设备上，其他液压元件可集中安装在液压站中。但速度换接时，平稳性以及换向精度较差。

2. 两种慢速的换接回路

某些机床要求工作行程有两种进给速度，一般第一进给速度大于第二进给速度，为实现两次工作进给速度，常用 2 个调速阀串联或并联在油路中，用换向阀进行切换。

（1）2 个调速阀串联的速度换接回路。

图 7-33 所示为 2 个调速阀串联的速度换接回路。在图示位置，压力油经电磁换向阀 4、调速阀 1 和电磁换向阀 3 进入液压缸，执行元件的运动速度由调速阀 1 控制。当电磁换向阀 3 通电切换时，调速阀 2 接入回路，由于阀 2 的开口量调得比阀 1 小，压力油经电磁换向阀 4、调速阀 1 和调速阀 2 进入液压缸，执行元件的运动速度由调速阀 2 控制。这种回路在调速阀 2 没起作用之前，调速阀 1 一直处于工作状态，在速度换接的瞬间，它可限制进入调速阀 2 的流量突然增加，所以速度换接比较平稳。但由于油液经过两个调速阀，因此能量损失比两调速阀并联时大。

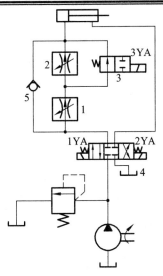

图 7-33　串联调速阀的二次进给换接回路

1，2—调速阀；3，4—电磁换向阀；5—单向阀

（2）2 个调速阀并联的速度换接回路。

图 7-34 为两个调速阀并联实现两种工作进给速度的换接回路。液压泵输出的压力油经三位四通电磁阀 3 左位、调速阀 1 和电磁阀 4 进入液压缸，液压缸得到由调速阀 1 所控制的第一种工作速度。当需要第二种工作速度时，电磁阀 4 通电切换，使调速阀 2 接入回路，压力油经换向阀 3 和阀 4 的右位进入液压缸，这时活塞就得到阀 2 所控制的工作速度。这种回路中，调速阀 1、2 各自独立调节流量，互不影响，一个工作时，另一个没有油液通过。没有工作的调速阀中的减压阀开口处于最大位置。阀 4 换向，由于减压阀瞬时来不及响应，会使调速阀瞬时通过过大的流量，造成执行元件出现突然前冲的现象，速度换接不平稳。

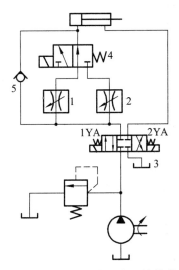

图 7-34　并联调速阀的二次进给换接回路

1，2—调速阀；3，4—换向阀；5—单向阀

7.4 多缸工作控制回路

在液压系统中，用一个油源向多个执行元件（缸或马达）提供液压油，并能按各执行元件之间的运动关系要求进行控制，完成规定动作顺序的回路，称为多执行元件控制回路。

7.4.1 顺序动作回路

顺序动作回路的功用是保证各执行元件严格按照给定的动作顺序运动，按控制方式可分为行程控制式、压力控制式和时间控制式 3 种，其中前两类用得较多。

1. 行程控制式顺序动作回路

（1）用行程阀的行程控制顺序动作回路。

如图 7-35 所示，在图示状态下，A、B 两缸的活塞均在右端。当推动手柄，使阀 C 左位工作，缸 A 左行，完成动作①；挡块压下行程阀 D 后，缸 B 左行，完成动作②；手动换向阀 C 复位后，缸 A 先复位，完成动作③；随着挡块后移，阀 D 复位后，缸 B 退回，完成动作④，从而完成一个工作循环。

（2）用行程开关的行程控制顺序动作回路。

如图 7-36 所示，当阀 C 通电换向时，缸 A 左行完成动作①；缸 A 触动行程开关 S_1，使阀 D 通电换向，控制缸 B 左行完成动作②；当缸 B 左行至触动行程开关 S_2，使阀 C 断电时，缸 A 返回，实现动作③；缸 A 触动 S_3，使阀 D 断电，缸 B 完成动作④；缸 B 触动开关 S_4，使泵卸荷或引起其他动作，完成一个工作循环。

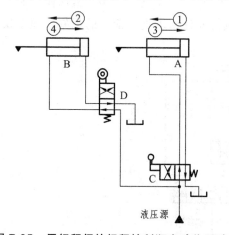

图 7-35　用行程阀的行程控制顺序动作回路

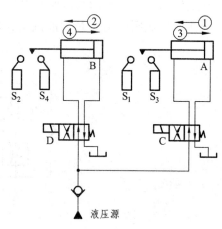

图 7-36　用行程开关的行程控制顺序动作回路

2. 压力控制式顺序动作回路

（1）采用顺序阀的压力控制顺序动作回路。

如图 7-37 所示，图中液压缸 A 可看作夹紧液压缸，液压缸 B 可看作钻孔液压缸，它们按①→②→③→④的顺序动作。在当三位四通换向阀切换到左位工作且顺序阀 D 的调定压力

大于缸 A 的最大前进工作压力时，压力油先进
入缸 A 的无杆腔，回油则经单向顺序阀 C 的单
向阀、换向阀左位流回油箱，缸 A 向右运动，
实现动作①（夹紧工件）；当工件夹紧后，缸 A
活塞不再运动，油液压力升高，打开顺序阀 D
进入液压缸 B 的无杆腔，回油直接流回油箱，
缸 B 向右运动，实现动作②（进行钻孔）；三位
四通换向阀切换到右位工作且顺序阀 C 的调定
压力大于液压缸 B 的最大返回工作压力时，两
液压缸按③和④的顺序返回，完成退刀和松开
夹具的动作。

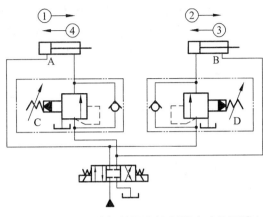

图 7-37　用顺序阀的压力控制顺序动作回路

　　这种顺序动作回路的可靠性主要取决于顺
序阀的性能及其压力的调定值。为保证动作顺序可靠，顺序阀的调定压力应比先动作的液压
缸的最高工作压力高出 0.8 ~ 1 MPa，从而避免系统压力波动造成顺序阀产生错误动作。

　　（2）采用压力继电器的压力控制顺序动作回路。

　　图 7-38 为使用压力继电器的压力控制顺序动作回路。当电磁铁 1YA 通电时，压力油进
入液压缸 A 左腔，实现运动①；液压缸 A 的活塞运动到预定位置，碰上死挡铁后，回路压力
升高。压力继电器 1DP 发出信号，控制电磁铁 3YA 通电。此时压力油进入液压缸 B 左腔，
实现运动②；液压缸 B 的活塞运动到预定位置时，控制电磁铁 3YA 断电、4YA 通电，压力
油进入液压缸 B 的右腔，使缸 B 活塞向左退回，实现运动③；当它到达终点后，回路压力又
升高，压力继电器 2DP 发出信号，使电磁铁 1YA 断电、2YA 通电，压力油进入液压缸 A 的
右腔，推动活塞向左退回，实现运动④。如此，完成①→②→③→④的动作循环。当运动④
到终点时，压下行程开关，使 2YA、4YA 断电，所有运动停止。在这种顺序动作回路中，为
了防止压力继电器误发信号，压力继电器的调整压力也应比先动作的液压缸的最高动作压力

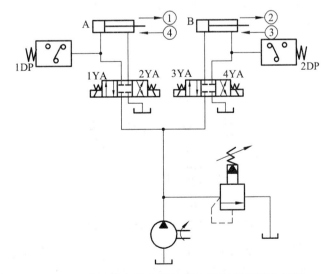

图 7-38　采用压力继电器的压力控制顺序动作回路

高 0.3 ~ 0.5 MPa。为了避免压力继电器失灵造成动作失误，往往采用压力继电器配合行程开关构成"与门"控制电路，要求压力达到调定值。同时，行程也到达终点才进入下一个顺序动作。表 7-2 列出了图 7-38 回路中各电磁铁顺序动作结果，其中"＋"表示电磁铁通电；"－"表示电磁铁断电。

表 7-2　电磁铁动作顺序表

动作	元　件					
	1YA	2YA	3YA	4YA	1DP	2DP
①	＋	－	－	－	－	－
②	＋	－	＋	－	＋	－
③	＋	－	－	＋	－	－
④	－	＋	－	＋	－	＋
复位	－	－	－	－	－	－

7.4.2　同步动作回路

同步回路的功用是使系统中多个执行元件克服负载、摩擦阻力、泄漏、制造质量和结构变形上的差异，从而保证在运动上的同步。按同步的工作原理，同步回路分为节流型、容积型和复合型 3 种形式。节流型压力损失大、效率低、结构简单；容积型效率高、设备复杂、精度低。

1. 节流型同步回路

节流型同步回路主要有调速阀同步、等量分流阀同步和伺服阀同步。等量分流阀是标准件，结构简单，对负载适应能力强，同步精度为 2% ~ 5%。

图 7-39 是并联缸调速阀同步回路，调节调速阀，使液压缸的运动速度相等。当负载增加、压力升高时，导致缸的泄漏增加，并受油温变化以及调速阀性能差异等影响，同步精度为 5% ~ 7%，同步调节困难。

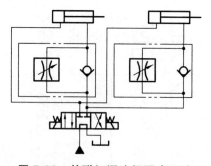

图 7-39　并联缸调速阀同步回路

采用伺服阀或比例阀，可不断消除不同步误差，精度高。伺服阀同步双缸绝对误差不超过 0.2 ~ 0.05 mm。图 7-40 是采用比例调速阀的双向同步回路。两路均采用单向阀桥式整流，达到双向同步的目的。一路采用普通调速阀 1，另一路采用比例调速阀 2。用放大了的两缸偏差信号控制比例调速阀，不断消除不同步误差，可使绝对误差小于 0.5 mm。该回路费用低，使用维护方便。

2. 容积型同步回路

容积型同步回路采用等容积原理。常见的有串联缸同步、同步缸同步及等排量液压泵同步等。

图 7-41 是端点补偿的串联液压缸同步回路。缸 1 下腔的有效作用面积与缸 2 上腔的有效作用面积相等，两腔连通，流量相等，故两缸以相同速度运动。每次行程中产生的误差，若不消除，会愈来愈大。该回路结构简单，对偏载有自适应能力，供油压力高，同步精度低，常用于剪板机上。

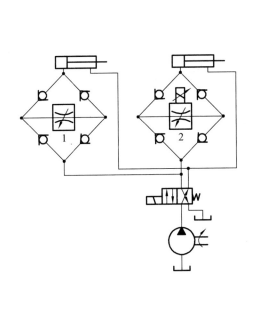

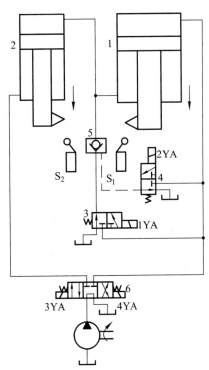

图 7-40   用比例调速阀的同步回路

1—普通调速阀；2—比例调速阀

图 7-41   端点补偿的串联缸同步回路

1，2—液压缸；3，4，6—换向阀；5—液控单向阀

7.4.3   互不干涉回路

这种回路的功能是使系统中几个液压执行元件，在完成各自工作循环时，彼此互不影响。图 7-42 所示的回路中，液压缸 11、12 分别要完成快速前进、工作进给和快速退回的自动工作循环。液压泵 1 为高压小流量泵，液压泵 2 为低压大流量泵，它们的压力分别由溢流阀 3 和 4 调节（调定压力 $p_{y3} > p_{y4}$）。开始工作时，电磁换向阀 9、10 的电磁铁 1YA、2YA 同时通电，泵 2 输出的压力油经单向阀 6、8 进入液压缸 11、12 的左腔，使两缸活塞快速向右运动。这时如果某一缸（如缸 11）的活塞先到达要求位置，其挡铁压下行程阀 15，缸 11 右

腔的工作压力上升，单向阀 6 关闭，泵 1 提供的油液经调速阀 5 进入缸 11，液压缸的运动速度下降，转换为工作进给，液压缸 12 仍可以继续快速前进。当两缸都转换为工作进给后，可使泵 2 卸荷（图中未表示卸荷方式），仅泵 1 向两缸供油。如果某一缸（如缸 11）先完成工作进给，其挡铁压下行程开关 16，使电磁线圈 1YA 断电，此时泵 2 输出的油液可经单向阀 6、电磁阀 9 和单向阀 13 进入缸 11 右腔，使活塞快速向左退回（双泵供油），缸 12 仍单独由泵 1 供油继续进行工作进给，不受缸 11 运动的影响。

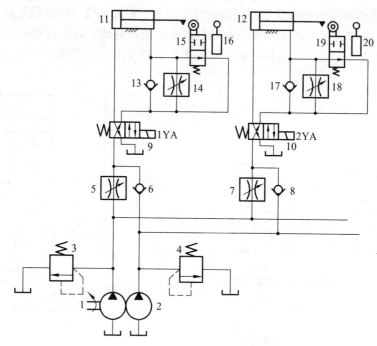

图 7-42　双泵供油的多缸快慢速互不干扰回路

1—高压小流量泵；2—低压大流量泵；3，4—溢流阀；5，7，14，18—调速阀；6，8，13，17—单向阀；
9，10—电磁换向阀；11，12—液压缸；15，19—行程阀；16，20—行程开关

在这个回路中，调速阀 5、7 调节的流量大于调速阀 14、18 调节的流量，这样两缸工作进给的速度分别由调速阀 14、18 决定。实际上，这种回路由于快速运动和慢速运动各由一个液压泵分别供油，所以能够达到两缸的快、慢运动互不干扰。

思考题

1. 不同控制方式的换向阀组成的换向回路各有何特点？
2. 如何实现液压缸的锁紧？锁紧效果如何？
3. 液压系统基本回路按功能可分为哪几类？
4. 压力控制基本回路有哪些？
5. 如何实现夹紧液压缸的保压？保压回路中单向阀有什么作用？
6. 增压回路有什么作用？何为单作用增压缸的增压比？
7. 如何实现液压缸的快速运动？

8. 调速回路有哪些？节流调速回路有哪些？

9. 进油和回油节流调速回路有什么不同点？

10. 顺序动作控制回路有哪几种？

11. 什么是同步动作回路？什么是多缸动作互不干扰回路？

12. 在图 7-43 中，已知 $A_1 = 20 \text{ cm}^2$，$A_2 = 10 \text{ cm}^2$，$F = 5 \text{ kN}$，液压泵流量 $q_p = 16 \text{ L/min}$，节流阀流量 $q_T = 0.5 \text{ L/min}$，溢流阀调定压力 $p_y = 5 \text{ MPa}$，不计管路损失，回答下列问题：

（1）电磁铁断电时，活塞在运动中，p_1、p_2、v 和溢流量 Δq 是多少？

（2）电磁铁通电时，活塞在运动中，p_1、p_2、v 和溢流量 Δq 又是多少？

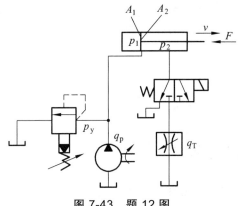

图 7-43　题 12 图

单元 8　典型液压回路

液压系统是由基本回路组成的，它表示一个系统的基本工作原理，即系统执行元件所能实现的各种动作。液压系统图都是按照标准图形符号绘制的，原理图仅仅表示各个液压元件及它们之间的连接与控制方式，并不代表它们的实际尺寸大小和空间位置。

正确、迅速地分析和阅读液压系统图，对于液压设备的设计、分析、研究、使用、维修、调整和故障排除均具有重要的指导作用。本单元介绍在几个不同行业应用的典型液压系统。

8.1　液压系统图的阅读和分析方法

8.1.1　液压系统图的阅读

要能正确、迅速地阅读液压系统图，首先，必须掌握液压元件的结构、工作原理、特点和各种基本回路的应用，了解液压系统的控制方式、职能符号及其相关标准；其次，结合实际液压设备和液压原理图多读多练，掌握各种典型液压系统的特点，对于今后阅读新的液压系统，可起到以点带面、触类旁通和熟能生巧的作用。

阅读液压系统图一般可按以下步骤进行：

（1）全面了解设备的功能、工作循环和对液压系统提出的各种要求。

例如，组合机床液压系统图，它是以速度转换为主的液压系统，除了能实现液压滑台的快进→工进→快退的基本工作循环外，还要特别注意速度转换的平稳性等指标。同时，要了解控制信号的转换以及电磁铁动作表等。这有助于我们能够有针对性地进行阅读。

（2）仔细研究液压系统中所有液压元件及它们之间的联系，弄清各个液压元件的类型、原理、性能和功用。对一些用半结构图表示的专用元件，要特别注意它们的工作原理，要读懂各种控制装置及变量机构。

（3）仔细分析并写出各执行元件的动作循环和相应的油液所经过的路线。为便于阅读，最好先将液压系统中的各条油路分别进行编码，然后按执行元件划分为读图单元，每个读图单元先看动作循环，再看控制回路、主油路。要特别注意系统从一种工作状态转换到另一种工作状态时，是由哪些元件发出的信号，又是使哪些控制元件动作并实现的。

阅读液压系统图的具体方法有传动链法、电磁铁工作循环表法和等效油路图法等。

8.1.2　液压系统图的分析

在读懂液压系统图的基础上，还必须进一步对该系统进行一些分析，这样才能评价液压系统的优缺点，使设计的液压系统性能不断完善。液压系统图的分析可考虑以下几个方面：

（1）液压基本回路的确定是否符合主机的动作要求。

（2）各主油路之间、主油路与控制油路之间有无矛盾和干涉现象。

（3）液压元件的代用、变换和合并是否合理、可行。

（4）液压系统性能的改进方向。

8.2　组合机床动力滑台液压系统

8.2.1　概　述

组合机床是适用于大批量零件加工的一种金属切削机床。在机械制造业的生产线或自动线中，它是不可缺少的设备。在组合机床上，动力滑台是提供进给运动的通用部件。配备相应的动力头、主轴箱及刀具后，可以对工件进行钻孔、扩孔、镗孔、铰孔等多孔或阶梯孔加工以及刮端面、铣平面、攻丝、倒角等工序。为了满足不同工艺方法的要求，动力滑台除提供足够大的进给力之外，还应能实现"快进→工进→停留→快退→原位停止"等自动工作循环。其中，除快进和快退的速度不可改变外，用户可根据工艺要求，对工进速度的大小进行调节。

动力滑台有机械和液压两类。由于液压动力滑台的机械结构简单，配上电器后容易实现进给运动的自动工作循环，又可以很方便地对工进速度进行调节，因此，它的应用比较广泛。

8.2.2　YT4543 型动力滑台液压传动系统原理

YT4543 型动力滑台的工作面尺寸为 450 mm × 800 mm，由液压缸驱动。图 8-1 是其液压传动系统原理图，可实现"快进→一工进→二工进→死挡铁停留→快退→原位停止"的自动工作循环。快进和快退速度为 7.3 m/min，工进速度可在 6.6 ~ 660 mm/min 进行无级调节，最大进给推力为 45 kN。

该系统由限压式变量叶片泵 2，三位五通电液换向阀 5，二位二通电磁换向阀 14，液控顺序阀 7，行程阀 17，调速阀 12、13，背压阀 6，单向阀 9、16，单杆活塞液压缸 19，压力继电器 15，滤油器 1 和油箱管道等组成，其自动工作循环过程如下：

1. 快　进

按下启动按钮，电液换向阀 5 中的电磁铁 1YA 通电，电磁阀的阀芯移到右端，左位接入系统。由于电磁阀的先导控制作用，使液动换向阀 5 的左端接通控制压力油，而右端与油箱连通，使阀芯右移，将其左位接入系统。控制油路走向如下：

进油路：滤油器→变量泵 2→单向阀 3→三位五通换向阀 5（左位）→行程阀 17（右位）→液压缸 19 左腔。

回油路：液压缸 19 右腔→三位五通换向阀 5（左位）→单向阀 9→行程阀（右位）→液压缸 19 左腔。

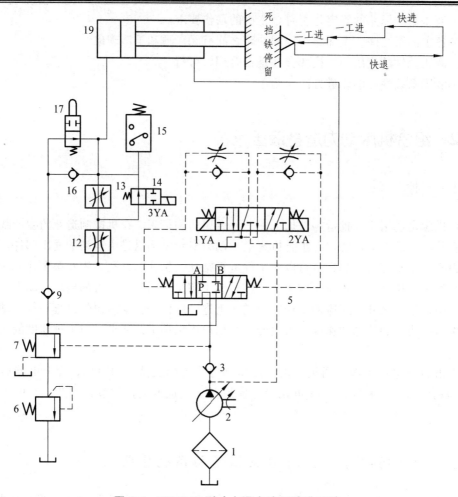

图 8-1　YT4543 型动力滑台液压传动系统

1—滤油器；2—变量叶片泵；3，9，16—单向阀；5—三位五通电液换向阀；6—背压阀；7—液控顺序阀；
12，13—调速阀；14—电磁换向阀；15—压力继电器；17—行程阀；19—液压缸

当液动换向阀 5 的左位接入系统后，这时系统形成单杆活塞液压缸差动连接，液压缸向左（活塞杆固定）快速前进。

2．第一次工作进给

当滑台快进行程终了时，挡块压下行程阀 17 的阀芯，使其左位接入系统，切断油路，则液压缸从快进速度变为第一工进速度。这时的主油路走向如下：

进油路：油箱→滤油器 1→变量泵 2→单向阀 3→液动换向阀 5（左位）（此时，电磁铁 1YA 仍通电）→调速阀 12→电磁阀 14（左位）→液压缸 19 左腔。

回油路：液压缸 19 右腔→液动换向阀 5（左位）→液控顺序阀 7→背压阀 6→油箱。

此时，系统变成了由限压式变量泵和调速阀组成的容积节流调速回路。

3．第二次工作进给

通常第二次工作进给速度低于第一次工作进给速度。当第一工进行程终了时，行程挡铁压

合电器行程开关（图中未画出），使电磁阀 14 的电磁铁 3YA 通电，推动阀芯移到右端，使阀左位接入系统，切断此处油路。则液压缸速度变为更低的第二工进速度。其主油路走向如下：

进油路：油箱→滤油器 1→变量泵 2→单向阀 3→液动换向阀 5（左位）→调速阀 12→调速阀 13→液压缸 19 左腔。

回油路：液压缸 19 右腔→液动换向阀 5（左位）→液控顺序阀 7→背压阀 6→油箱。

第二次工作进给速度是在第一次工进回路的基础上再串接一个开口更小的调速阀来实现的。

4. 死挡铁停留

当第二次工作进给行程终了时，滑台碰到死挡铁而停止，主油路的进、回油路与第二次工作时相同。这时，液压缸左腔的压力进一步升高，使压力继电器 15 动作发出信号给时间继电器。时间继电器的延时时间决定了滑台的停留时间。

5. 快　退

当滑台停留到达预定时间后，时间继电器发出信号使电液换向阀 5 中的电磁铁 1YA 断电，2YA 通电，电磁阀 6 的阀芯移到左端，使其右位接入系统。电磁阀换向后，控制油路使液动换向阀的阀芯移到左端，其右位接入系统。其主油路走向如下：

进油路：油箱→滤油器 1→变量泵 2→单向阀 3→换向阀 5（右位）→液压缸 19 右腔。

回油路：液压缸 19 左腔→单向阀 16→换向阀 5（右位）→油箱。

这时，系统变成液压缸右腔通压力油而左腔与油箱连通的回路，滑台向右快速退回。

6. 原位停止

当滑台退到原始位置时，挡铁压下原位行程开关，这时电磁铁 1YA、2YA 和 3YA 都断电，电磁阀 6、换向阀 5 都回到中位。电磁阀 14 处于左位（行程阀 17 处于右位）。液压缸两腔由于被换向阀 5 的中位封住而停止运动。变量泵输出的油液经单向阀 3 和换向阀 5 的中位流到油箱，处于低压卸荷状态。

如果加工工艺安排中不需用第二工进或死挡铁停留时，用户可将此动作去掉，即在第一工进结束时，发出信号让电磁铁 1YA 断电、2YA 通电，滑台就快速退回。

8.2.3　YT4543 型动力滑台液压系统的特点

（1）采用容积节流调速回路，无溢流功率损失，系统效率较高，且能保证稳定的低速运动、较好的速度刚性和较大的调速范围。

在回油路上设置背压阀，提高了滑台运动的平稳性。把调速阀设置在进油路上，具有启动冲击小、便于压力继电器发讯控制、容易获得较低速度等优点。

（2）限压式变量泵加上差动连接的快速回路，既解决了快、慢速度相差悬殊的难题，又使能量利用经济合理。

（3）采用行程阀实现快、慢速换接，其动作的可靠性、转换精度和平稳性都较高。一工进和二工进之间的转换，由于通过调速阀的流量很小，采用电磁阀式换接已能保证所需的转换精度。

（4）限压式变量泵本身就能按预先调定的压力限制其最大工作压力，故在采用限压式变量泵的系统中，一般不需要另外设置安全阀。

（5）采用换向阀式低压卸荷回路，可以减少能量损耗，结构也比较简单。

（6）采用三位五通电液换向阀，具有换向性能好、滑台可在任意位置停止、快进时构成差动连接等优点。

8.3　SZ-250塑料注射成型机液压传动系统

8.3.1　概　述

塑料注射成型机简称注塑机。它将颗粒的塑料加热熔化到流动状态，以快速高压注射模腔，经过一定时间的保压，冷却凝固成为一定形状的塑料制品。由于注塑机具有成型周期短，对各种塑料的加工适应性强，可以制造外形各异、复杂，尺寸较精确或带有金属镶嵌件的制品，所以得到了广泛应用。图 8-2 为塑料注射成型机外形图。

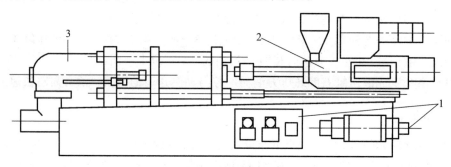

图 8-2　塑料注射成型机外形图

1—液压传动系统；2—注射部件；3—合模部件

塑料注射成型机主要由三大部分组成：

（1）合模部件。它是安装模具用的成型部件，主要由定模板、动模板、合模机构、合模液压缸、顶出装置等组成。

（2）注射部件。它是注塑机的塑化部件，主要由加料装置、料筒、螺杆、喷嘴、顶塑装置、注射液压缸、注射座及其移动液压缸等组成。

（3）液压传动及电气控制系统。它安装在机身内外腔上，是注塑机的动力和操纵控制部件，主要由液压泵、液压阀、电动机、电气元件及控制仪表等组成。

根据注射成型工艺，注塑机应按预定工作循环工作，如图 8-3 所示。

图 8-3　注塑机工作循环图

　　SZ-250A 型塑料注射成型机属于中小型注塑机，每次最大注射量为 250 g。依据塑料注射成型工艺，注塑机液压传动系统应满足下述要求：

　　（1）合模液压缸具有足够大的合模力，其运行速度应能依据合模与启模过程的要求而变化。

　　在注射过程中，熔融塑料常以 4～15 MPa 的高压注入模腔。这样，就要求合模机构具有足够大的合模力，以保证动模板与定模板紧密贴合；否则，模具离缝会产生塑料制品的溢边现象。为此，在不使合模液压缸的尺寸过大和压力过高的情况下，常常采用机械连杆增力机构来实现合模和锁模。

　　为了缩短空行程时间，提高生产率，合模液压缸应该快速移动动模板。但是，为了防止损坏模具和制品，避免机器受到强烈振动和产生撞击噪声，还要考虑模具启闭过程的缓冲问题。因此，液压缸在模具启闭过程中，各阶段的速度是不一样的。通常是慢→快→慢的变化过程，而且快慢速变化比较大。

　　（2）注射座可整体移动（前进或后退）。前进时，具有足够的推力，保证喷嘴与模具浇口紧密接触。另外，还应能按固定加料、前加料和后加料 3 种不同预塑形式对其动作进行调整。

　　（3）注射的压力和速度应能调节，以便满足原料、制品几何形状和模具浇口布局不同等对注射力大小的要求，以及不同的制品对注射速度的要求。

　　（4）熔体注入容腔后要保压冷却，在冷却凝固时，应能向型腔内补充冷凝收缩所需的熔体。

　　（5）预塑过程可调节。在型腔熔体冷却凝固阶段，使料斗内的塑料颗粒通过料筒内螺杆的回转卷入料筒，并且连续向喷嘴方向推移，同时加热塑化、搅拌和挤压成为熔体。通常，将料筒每小时塑化的质量称为塑化能力，作为注塑机生产能力的指标。在料筒尺寸确定的前提下，塑化能力与螺杆转速有关。因此，随着塑料熔点、流动性和制品的不同，要求螺杆的转速应该可调节，以便调节塑化能力。

　　（6）顶出缸速度可调。制品在冷却成型后，脱模顶出时，为了防止制品受损，要求顶出运动平稳，且顶出缸的速度应能根据制品形状的不同而可调节。

8.3.2　SZ-250A 塑料注射成型机液压传动系统工作原理

　　SZ-250A 型注塑机属于中、小型注塑机，每次最大注射容量为 250 cm³，图 8-4 所示为该注塑机的液压系统图。该液压系统用双泵供油，用节流阀控制流量，用多级调压回路控制压力，以满足工作过程中各动作对速度和压力的不同要求。各执行元件的动作循环主要依靠行程开关切换电磁换向阀来实现，动作顺序如下：

1. 合　模

　　首先关闭注塑机安全门，行程阀 6 才能恢复常位。合模时，先慢速启动合模缸，再快速前进，当动模板接近定模板时，合模缸以低压慢速移动，即使两模板间有硬质异物，也不致损坏模具表面。确定模具内无异物时，合模缸转为高压前移，通过机械连杆机构推动模板实现合模并锁死。

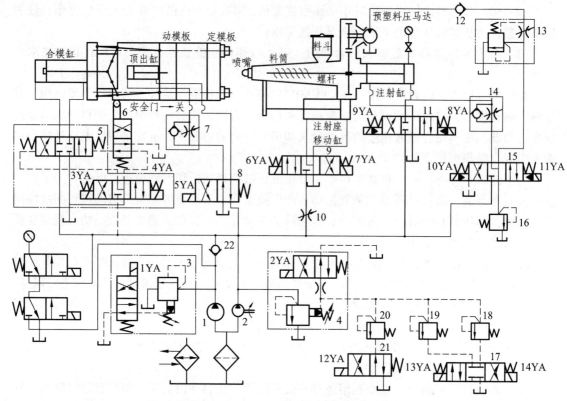

图 8-4 SZ-250A 塑料注射液压系统图

1—低压大流量泵；2—高压小流量泵；3，4—先导式溢流阀；5，6，8，9，11，15，17，21—换向阀；
7，10，13，14—调速阀；12，22—单向阀；16，18，19，20—溢流阀

（1）慢速合模。

慢速合模时，电磁铁 2YA、3YA 通电。大流量液压泵 1 通过溢流阀 3 卸荷，小流量液压泵 2 供油，压力由溢流阀 4 调定。油路走向如下：

进油路：液压泵 2→电液换向阀 5（左位）→行程阀 6（左位）→电液换向阀 5（右位）→合模液压缸左腔。

回油路：合模液压缸右腔→电液换向阀 5（右位）→油箱。

（2）快速合模。

快速合模时，电磁铁 1YA、2YA、3YA 通电，由液压泵 1、2 同时供油，最高压力由阀 3 限定。油路走向如下：

进油路：液压泵 1（经单向阀 22 后与液压泵 2 合流）→电磁换向阀 5（左位）→行程阀 6（左位）→电液换向阀 5（右位）→合模液压缸。

回油路：合模液压缸右腔→电液换向阀 5（右位）→油箱。

（3）低压慢速合模。

低压慢速合模时，电磁铁 2YA、3YA、13YA 通电，液压泵 2 供油，泵 1 卸荷。油路走向如下：

进油路：液压泵 2（泵 2 的压力油经电磁溢流阀 18 调定）→电磁换向阀 5（左位）→行程阀 6（左位）→电液换向阀 5（右位）→合模液压缸左腔。

回油路：合模液压缸右腔→电液换向阀 5（左位）→油箱。

（4）高压合模。

高压合模时，电磁铁 2YA、3YA 通电，由液压泵 2 供油，泵 1 卸荷。油路走向与慢速合模相同。当模具闭合后，连杆产生弹性变形，将模具牢固闭锁。此时，泵 2 的压力油经电磁溢流阀 4 溢流。因此，高压合模时，合模液压缸左腔的压力由溢流阀 20 调定。

2. 注射座整体前移

注射座整体前进时，电磁铁 2YA、7YA 通电，由液压泵 2 供油，泵 1 卸荷。进油路安全压力由溢流阀 4 调定。油路走向如下：

进油路：液压泵 2→节流阀 10→换向阀 9（右位）→注射座移动缸右腔。

回油路：注射座移动缸左腔→换向阀 9（右位）→油箱。

3. 注　射

按注射充模行程，注射缸的前进速度有二级可供选择。通过电磁铁 1YA、2YA、8YA、10YA 通电的不同组合，可以实现二级速度控制，满足注射工艺要求。

（1）慢速注射。

当选用慢速注射时，电磁铁 2YA、7YA、10YA、12YA 通电，泵 2 的压力由调压阀 20 限定。油路走向如下：

进油路：液压泵 2→电磁换向阀 15（左位）→单向节流阀 14→注射缸右腔。

回油路：注射缸左腔→电磁换向阀 11（中位）→油箱。

（2）快速注射。

当选用快速注射时，电磁铁 1YA、2YA、7YA、8YA、10YA、12YA 通电。系统压力由调压阀 20 限定。油路走向如下：

进油路：液压泵 1（经单向阀 22 后与液压泵 2 合流）→电磁换向阀 11（右位）→注射缸右腔。

回油路：注射缸左腔→电液换向阀 11（右位）→油箱。

4. 保　压

保压时，电磁铁 2YA、7YA、10YA、14YA 通电。液压泵 1 卸荷，泵 2 供油。泵 2 仅对注射缸右腔，注射座移动缸右腔补充少量油液，以维持保压压力。系统压力由溢流阀 19 调定。

5. 预　塑

保压完毕后，液压马达旋转，经齿轮副使螺杆转动，将料斗中的颗粒状塑料推向喷嘴方向。同时，螺杆在反推力作用下，连同注射缸的活塞一起右移。液压马达的转速由调速阀 13 控制。预塑时，电磁铁 1YA、2YA、7YA、11YA 通电。油路走向如下：

进油路：液压泵 1、2→换向阀 15（左位）→节流阀 13→单向阀 12→预塑液压马达。

回油路：预塑液压马达→油箱。

6. 防流涎

为了防止液态塑料从喷嘴端部流涎，由泵 2 供油，使注射缸的活塞带动螺杆强制快速后退（右行），后退距离由行程开关控制。为此，电磁铁 2YA、7YA、9YA 通电。油路走向如下：

进油路：液压泵 2→换向阀 11（左位）→注射缸左腔。

回油路：注射缸右腔→油箱。

7．注射座整体后退

在保压和预塑结束后，电磁铁 2YA、6YA 通电，液压泵 2 供油，泵 1 卸荷，注射座后退。油路走向如下：

进油路：液压泵 2→节流阀 10→换向阀 9（左位）→注射座移动液压缸左腔。

回油路：注射座移动液压缸右腔→换向阀 9（左位）→油箱。

8．开　模

（1）慢速开模。

慢速启模时，电磁铁 2YA、4YA 通电，由液压泵 2 供油，泵 1 卸荷。油路走向如下：

进油路：液压泵 2→电磁换向阀 5（右位）→电液换向阀 5（左位）→合模缸右腔。

回油路：合模缸左腔→电液换向阀 5（左位）→油箱。

（2）快速开模。

快速启模时，电磁铁 1YA、2YA、4YA 通电，2 台液压泵同时供油。油路走向如下：

进油路：液压泵 1、2→电磁换向阀 5（右位）→电液换向阀 5（左位）→合模缸右腔。

回油路：合模缸左腔→电液换向阀 5（左位）→油箱。

9．顶出缸前进

制品的顶出由顶出缸实现，电磁铁 2YA、5YA 通电，液压泵 2 供油，泵 1 卸荷。油路走向如下：

进油路：液压泵 2→电磁换向阀 8（左位）→单向节流阀 7→顶出缸左腔。

回油路：顶出缸右腔→电磁换向阀 8（左位）→油箱。

10．顶出缸退回

顶出缸退回动作由液压泵 1 供油，电磁铁 2YA 通电。油路走向如下：

进油路：液压泵 2→电磁换向阀 8（右位）→顶出缸右腔。

回油路：顶出缸左腔→单向节流阀 7→电磁换向阀 8（右位）→油箱。

8.3.3　SZ－250A 塑料注射成型机液压传动系统分析

1．速度控制回路

速度控制系统采用 2 台定量液压泵供油，液压泵 2 为双级叶片泵，可提供更高的压力，液压泵 1 为双联叶片泵。2 台泵可同时或按不同的组合向各执行机构供油，满足各自运动速度要求。除顶出缸的顶出速度由节流阀调节外，其余的执行机构速度均由油源的流量决定。因此，无溢流和节流功率损失，系统效率高。但是，执行机构的运动速度只能进行有级变换，不能无级调节，因此它是有级容积调速回路。

2．压力控制回路

电磁溢流阀 3 和 4 用于调节系统压力，同时分别作为 2 台液压泵的安全阀和卸荷阀。通过远程控制口，用调压阀 18、19 和 20 可分别控制模具低压保护压力、注射座整体移动压力、保压压力以及预塑时液压马达的工作压力。

溢流阀 16 用于调节预塑时的背压力。从而控制塑料的熔融和混合程度，使卷入的空气及其他气体从料斗中排出。

3．方向控制回路

各液压缸和液压马达动作顺序及其方向的变换，均由电磁换向阀或电液换向阀控制，控制方便，容易实现。

4．安全互锁

行程阀 6 用于安全门的液-电联锁。当安全门打开时，阀 5 上位接入系统，切断电磁换向阀 5 和 3 的控制油路，合模缸不能动作。只有在安全门关闭后，行程阀 5 下位接入系统，合模缸才有可能动作。这样，防止了误操作造成的事故，保证了安全。

5．其他液压阀的作用

为了防止注射时由螺杆带动液压马达反转，在其进油路上分别设置液控单向阀 12。单向阀 12 用来防止液压泵 1 卸荷时，泵 2 的压力油向卸荷泵 1 倒灌。

思考题

1. 写出图 8-5 所示的液压系统的动作循环表，如表 8-1 所示。

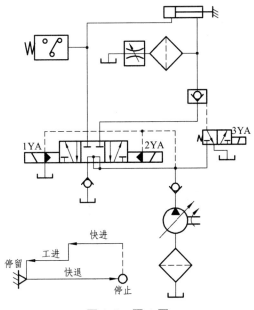

图 8-5　题 1 图

表 8-1 电磁铁动作顺序表

动作顺序	1YA	2YA	3YA
快进			
工进			
停留			
快退			
停止			

2. 如图 8-6 所示的压力机液压系统，能实现"快进、慢进、保压、快退、停止"的动作循环，试读懂此系统图，并写出包括油路流动情况的动作循环表，如表 8-2 所示。

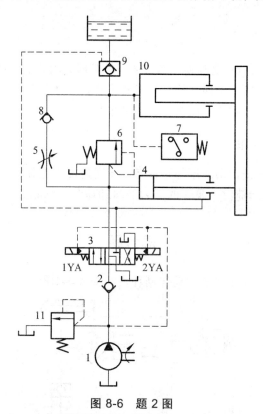

图 8-6 题 2 图

1—液压泵；2，8—单向阀；3—换向阀；4，10—液压缸；5—调速阀；6—顺序阀；
7—压力继电器；9—液控单向阀；11—溢流阀

表 8-2 油路流动情况的动作循环表

动作顺序	1YA	2YA	7		油液流向过程
快进	+	−	液压缸 4	进油：	
				回油：	
			液压缸 10	进油：	
慢进	+	−	液压缸 4	进油：	
				回油：	
			液压缸 10	进油：	

续表

动作顺序	1YA	2YA	7	油液流向过程		
保压	+	−		液压缸 4	进油：	
					回油：	
				液压缸 10	进油：	
快退	−	+	+	液压缸 4	进油：	
					回油：	
				液压缸 10	回油：	
停止	−	−		液压缸 4		
				液压缸 10		

模块 4　气压传动

单元 9　气压传动概述

9.1　气压传动系统的工作原理及组成

气压传动与控制技术简称气动，是以压缩空气为工作介质来进行能量与信号的传递，是实现各种生产过程、自动控制的一门技术。它是流体传动与控制学科的一个重要组成部分。

近几十年来，气压传动技术被广泛应用于工业生产中，在促进工业自动化的发展领域中起到了非常重要的作用。

9.1.1　气压传动的工作原理

通过下面一个典型气压传动系统来说明气动系统如何进行能量和信号传递，以及如何实现自动化控制。

以气动剪切机为例，介绍气压传动的工作原理。图 9-1 为气动剪切机的工作原理图，图

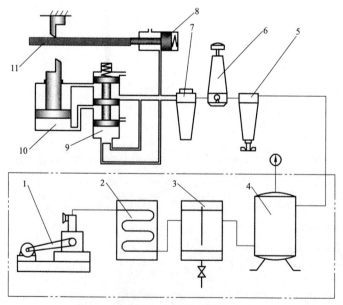

图 9-1　气动剪切机的气压传动系统

1—空气压缩机；2—后冷却器；3—油水分离器；4—储气罐；5—分水滤气器；6—减压阀；7—油雾器；
8—行程阀；9—气控换向阀；10—气缸；11—工料

示位置为剪切前的情况。空气压缩机 1 产生的压缩空气经后冷却器 2、油水分离器 3、储气罐 4、分水滤气器 5、减压阀 6、油雾器 7 到达换向阀 9，部分气体经节流通路进入换向阀 9 的下腔，使上腔弹簧压缩，换向阀 9 阀芯位于上端；大部分压缩空气经换向阀 9 后进入气缸 10 的上腔，而气缸的下腔经换向阀与大气相通，故气缸活塞处于最下端位置。当上料装置把工料 11 送入剪切机并到达规定位置时，工料压下行程阀 8，此时换向阀 9 阀芯下腔压缩空气经行程阀 8 排入大气，在弹簧的推动下，换向阀 9 的阀芯向下运动至下端；压缩空气则经换向阀 9 后进入气缸的下腔，上腔经换向阀 9 与大气相通，气缸活塞向上运动，带动剪刀上行剪断工料。工料剪下后，即与行程阀 8 脱开。行程阀 8 阀芯在弹簧作用下复位，出路堵死。换向阀 9 阀芯上移，气缸活塞向下运动，又恢复到剪断前的状态。

图 9-2 为用图形符号绘制的气动剪切机系统原理图，图中标号与图 9-1 相同。

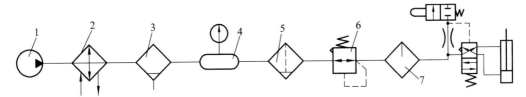

图 9-2　气动剪切机系统图形符号

9.1.2　气压传动的组成

在气压传动系统中，根据气动元件和装置的不同功能，可将气压传动系统分成以下 4 个组成部分。

1. 气源装置

气源装置将原动机提供的机械能转变为气体的压力能，为系统提供压缩空气。它主要由空气压缩机构成，还配有储气罐、气源净化处理装置等附属设备。

2. 执行元件

执行元件起能量转换作用，把压缩空气的压力能转换成工作装置的机械能。其主要形式有气缸输出直线往复式机械能、摆动气缸和气马达分别输出回转摆动式和旋转式的机械能。对于以真空压力为动力源的系统，采用真空吸盘以完成各种吸吊作业。

3. 控制元件

控制元件用来对压缩空气的压力、流量和流动方向进行调节和控制，使系统执行机构按功能要求的程序和性能工作。根据完成功能的不同，控制元件种类有很多种，气压传动系统中一般包括压力、流量、方向和逻辑四大类控制元件。

4. 辅助元件

辅助元件是用于元件内部润滑、排气噪声、元件间的连接以及信号转换、显示、放大、检测等所需的各种气动元件，如油雾器、消声器、管件及管接头、转换器、显示器、传感器等。

9.2　气压传动的特点

9.2.1　气压传动的优点

（1）使用方便。空气作为工作介质，空气到处都有，来源方便，用过以后直接排入大气，不会污染环境，可少设置或不必设置回气管道。

（2）系统组装方便。使用快速接头可以非常简单地进行配管，因此系统的组装、维修以及元件的更换比较简单。

（3）快速性好。动作迅速，反应快，可在较短的时间内达到所需的压力和速度。在一定的超载运行下也能保证系统安全工作，并且不易发生过热现象。

（4）安全可靠。压缩空气不会爆炸或着火，在易燃、易爆场所使用不需要昂贵的防爆设施。可安全可靠地应用于易燃、易爆、多尘埃、辐射、强磁、振动、冲击等恶劣的环境中。

（5）储存方便。气压具有较高的自保持能力，压缩空气可储存在储气罐内，随时取用。即使压缩机停止运行，气阀关闭，气动系统仍可维持一个稳定的压力。故不需压缩机的连续运转。

（6）可远距离传输。由于空气的黏度小，流动阻力小，管道中空气流动的沿程压力损失小，有利于介质集中供应和远距离输送。空气不论距离远近，极易由管道输送。

（7）能过载保护。气动机构与工作部件，可以超载而停止不动，因此无过载的危险。

（8）清洁。基本无污染，对于要求高净化、无污染的场合，如食品、印刷、木材和纺织工业等是极为重要的。气动具有独特的适应能力，优于液压、电子、电气控制。

9.2.2　气压传动的缺点

（1）速度稳定性差。由于空气可压缩性大，气缸的运动速度易随负载的变化而变化，稳定性较差，给位置控制和速度控制精度带来较大影响。

（2）需要净化和润滑。压缩空气必须有良好的处理，去除含有的灰尘和水分。空气本身没有润滑性，系统中必须采取措施对元件进行给油润滑，如加油雾器等装置进行供油润滑。

（3）输出力小。工作压力低（一般低于 0.8 MPa），因而气动系统输出力小，在相同输出力的情况下，气动装置比液压装置尺寸大。输出力限制在 20 ~ 30 kN。

（4）噪声大。排放空气的声音很大，现在这个问题已因吸音材料和消音器的发展大部分获得解决。需要加装消音器。

气压传动与其他几种常见传动方式的性能比较如表 9-1 所示。

表 9-1　气压传动与其他传动方式的性能比较

类型	输出力大小	动作速度	环境要求	装置构成	受负载影响	传输距离	无级调速	工作寿命	维护	造价
气压传动	中等	较快	适应性好	简单	较大	中距离	较好	长	一般	便宜
液压传动	最大	较慢	不怕振动	复杂	有一些	短距离	良好	一般	要求高	稍贵

续表

类型	输出力大小	动作速度	环境要求	装置构成	受负载影响	传输距离	无级调速	工作寿命	维护	造价
电气传动	中等	快	要求高	稍复杂	几乎没有	远距离	良好	较短	要求较高	稍贵
电子传动	最小	最快	要求特高	最复杂	没有	远距离	良好	短	要求最高	最贵
机械传动	较大	一般	一般	一般	没有	短距离	较困难	一般	简单	一般

9.3 气动技术的应用与发展趋势

9.3.1 气动技术的应用

人们利用空气的能量完成各种工作的历史可以追溯到远古,但作为气动技术应用的雏形,大约开始于 1776 年 John Wilkinson 发明能产生 1 个大气压左右压力的空气压缩机。1880 年,人们第一次利用气缸做成气动制动装置,将它成功地用到火车的制动装置上。20 世纪 30 年代初,气动技术成功地应用于自动门的开闭及各种机械的辅助动作上。进入到 20 世纪 60 年代,尤其是 70 年代初,随着工业机械化和自动化的发展,气动技术才广泛应用在生产自动化的各个领域,形成现代气动技术。

下面简要介绍生产技术领域应用气动技术的一些例子。

1. 汽车制造行业

现代汽车制造工厂的生产线,尤其是主要工艺的焊接生产线,几乎无一例外地采用了气动技术。如车身在每个工序的移动;车身外壳被真空吸盘吸起和放下,在指定工位的夹紧和定位;点焊机焊头的快速接近、减速软着陆后的变压控制点焊,都采用了各种特殊功能的气缸及相应的气动控制系统。高频率的点焊、力控的准确性及完成整个工序过程的高度自动化,堪称是最有代表性的气动技术应用之一。另外,搬运装置中使用的高速气缸(最大速度达 3 m/s)、复合控制阀的比例控制技术都代表了当今气动技术的发展方向。

2. 电子、半导体制造行业

在彩电、冰箱等家用电器产品的装配生产线上,在半导体芯片、印刷电路等各种电子产品的装配流水线上,不仅可以看到各种大小不一、形状不同的气缸、气爪,还可以看到许多灵巧的真空吸盘将一般气爪很难抓起的显像管、纸箱等物品轻轻地吸住,运送到指定位置上。对加速度限制十分严格的芯片搬运系统,采用了平稳加速的 SIN 气缸。这种气缸具有特殊的加减速机构,可以平稳地将盛满水的水杯从 A 点送到 B 点,并保证水不溢出。为了提高试验效率和追求准确的试验结果,摩托罗拉采用了由 SMC 小型气缸和控制阀构成的携带式电话的性能寿命试验装置,不仅可以随意地改变按键频度,还可以根据需要,随时改变按键的力度。对环境洁净度要求高的场所,可以选用洁净系列的气动元件,这种系列的气缸、气阀及其他元件有特殊的密封措施。

3．生产自动化的实现

20 世纪 60 年代，气动技术主要用于比较繁重的作业领域作为辅助传动。现在，在工业生产的各个领域，为了保证产品品质的均一性，减轻单调或繁重的体力劳动，提高生产效率，降低成本，都已广泛使用了气动技术。在缝纫机、自行车、手表、洗衣机、自动和半自动机床等许多行业的零件加工和组装生产线上，工件的搬运、转位、定位、夹紧、进给、装卸、装配、清洗、检测等许多工序中都使用气动技术。气动木工机械可完成挂胶、压合、切割、刨光、开槽、打棒、组装等许多作业。自动喷气织布机、自动清洗机、冶金机械、印刷机械、建筑机械、农业机械、制鞋机械、塑料制品生产线、人造革生产线、玻璃制品加工线等许多场合，都大量使用了气动技术。

4．包装自动化的实现

气动技术还广泛应用于化肥、化工、粮食、食品、药品等许多行业，实现粉状、粒状、块状物料的自动计量包装；用于烟草工业的自动卷烟和自动包装等许多工序；用于对黏稠液体（如油漆、油墨、化妆品、牙膏等）和有毒气体（如煤气等）的自动计量灌装。

由上面所举例子可见，气动技术在各行各业已得到广泛的应用。

9.3.2　气动技术的发展趋势

随着生产自动化程度的不断提高，气动技术应用面迅速扩大，气动产品品种规格持续增多，性能、质量不断提高，市场销售产值稳步增长。气动产品的发展趋势主要表现在以下几方面：

1．小型化、集成化

有限的空间要求气动元件的外形尺寸尽量小，小型化是其主要的发展趋势。现在最小气缸内径仅为 2.5 mm，并配制开关；电磁阀宽度仅 10 mm，有效截面面积达 5 mm^2；接口 $\phi 4$ 的减压阀也已开发。据调查，小型化元件的需求量，大约每 5 年增加一倍。

气阀的集成化不仅仅将几个阀合装，还包含了传感器、可编程序控制器等功能。集成化的目的不单是为了节省空间，还有利于安装、维修和工作的可靠性。

2．组合化、智能化

最简单的元件组合是带阀、带开关的气缸。在物料搬运中，已使用了气缸、摆动气缸、气动夹头和真空吸盘的组合体；还有一种移动小件物品的组合体，是将带导向器的 2 个气缸分别按 X 轴和 Y 轴组合而成，还配有电磁阀、程控器，结构紧凑，占用空间小，行程可调。

日本精器（株）开发的智能阀带有传感器和逻辑回路，是气动和光电技术的结合，不需外部执行器，可直接读取传感器的信号，并由逻辑回路判断以决定智能阀和后续执行元件的工作。

开发功能模块已有十多年历史，现在正在不断完善。这些通用化的模块可以进行多种方案的组合，以实现不同的机械功能，经济、实用、方便。

3．精密化

为了使气缸的定位更精确，使用了传感器、比例阀等实现反馈控制，定位精度达 0.01 mm。

在气缸精密方面还开发了 0.3 mm/s 低速气缸和 0.01 N 微小载荷气缸。

在气源处理中，过滤精度为 0.01 mm、过滤效率为 99.9999%的过滤器和灵敏度为 0.001 MPa 的减压阀已开发出来。

4. 高速化

为了提高生产率，自动化的节拍正在加快，高速化是必然趋势。

目前，气缸的活塞速度为 50～750 mm/s。要求气缸的活塞速度提高到 5 m/s，最高达 10 m/s。据调查，未来几年后，速度为 2～5 m/s 的气缸需求量将增加 2.5 倍，速度为 5 m/s 以上的气缸需求量将增加 3 倍。与此同时，阀的响应速度将加快，要求由现在的 1/100 秒级提高到 1/1 000 秒级。

5. 无油、无味、无菌化

人类对环境的要求越来越高，因此无油润滑的气动元件将普及化。还有些特殊行业，如食品、饮料、制药、电子等，对空气的要求更为严格，除无油外，还要求无味、无菌等，这类特殊要求的过滤器将被不断开发。

6. 高寿命、高可靠性和自诊断功能

5 000 万次寿命的气阀和 3 000 km 的气缸已商品化，但在纺织机械上有一种高频阀寿命要求 1 亿次以上，最好达 2 亿次。这个要求，现有的弹性密封阀很难达到，这使间隙密封元件重新获得重视。美国纽曼蒂克（Numatics）公司生产的一种气阀，采用间隙密封，通气后阀芯在阀体内呈悬浮状态，形成无摩擦运动，还有自防尘功能，阀的寿命可超过 2 亿次，这虽然是个老产品，还是值得借鉴。

气动元件大多用于自动生产线上，元件的故障往往会影响全线的运行，如生产线的突然停止，造成严重损失，为此，对气动元件的工作可靠性提出了更高的要求。江苏某化纤公司要求供应的气动元件在设定寿命内绝对可靠，到期不管能否继续使用，全部更换。这里又提出了各类元件寿命的平衡问题，即所谓等寿命设计。有时为了保证工作可靠，不得不牺牲寿命指标，因此，气动系统的自诊断功能提到了议事日程上，附加预测寿命等自诊断功能的元件和系统正在开发之中。

随着机械装置的多功能化，接线数量越来越多，不仅增加了安装、维修的工作量，也容易出现故障，影响工作的可靠性，因此配线系统的改进也被气动元件和系统设计人员所重视。

7. 节能、低功耗

节能是企业永久的课题，并按规定建立 ISO 14000 环保体系标准。

气动元件的低功耗不仅仅为了节能，更主要的是能与微电子技术相结合。功耗 0.5 W 的电磁阀早已商品化，功耗为 0.4 W、0.3 W 的气阀也已开发，可由 PC 机直接控制。

8. 机电一体化

为了精确达到预先设定的控制目标（如开关、速度、输出力、位置等），应采用闭路反馈控制方式。气-电信号之间转换，成了实现闭路控制的关键，比例控制阀可成为这种转换的接

口。在今后相当长的时期内，开发各种形式的比例控制阀和电-气比例/伺服系统，并且使其性能好、工作可靠、价格便宜是气动技术发展的一个重大课题。

现在比例/伺服系统的应用例子已不少，如气缸的精确定位、用于车辆的悬挂系统以实现良好的减振性能、缆车转弯时的自动倾斜装置、服侍病人的机器人等。如何将以上实例更实用、更经济还有待进一步完善。

9. 满足某些行业的特殊要求

在激烈的市场竞争中，为某些行业的特定要求开发专用的气动元件是开拓市场的一个重要方面，各厂都十分关注。国内气动行业近期开发了许多专用的气动元件，如铝业专用气缸（耐高温、自锁）、铁路专用气缸（抗振、高可靠性）、铁轨润滑专用气阀（抗低温、自过滤能力）、环保型汽车燃气系统（多介质、性能优良）等。

10. 应用新技术、新工艺、新材料

型材挤压、铸件浸渗和模块拼装等技术十多年前在国内已广泛应用；压铸新技术（液压抽芯、真空压铸等）、去毛刺新工艺（爆炸法、电解法等）已在国内逐步推广；压电技术、总线技术，新型软磁材料、透析滤膜等正在被应用；超精加工、纳米技术也将被移植。

气动行业的科技人员特别关注密封件发展的新动向，一旦新结构和新材料的密封件出现，就会被采用。

11. 标准化

贯彻标准，尤其是 ISO 国际标准是企业必须遵守的原则。它有 2 个方面的工作要做：第一是气动产品应贯彻与气动有关的现行标准，如术语、技术参数、试验方法、安装尺寸和安全指标等；第二是企业要建立标准规定的保证体系，现有 3 个：质量（ISO 9000）、环保（ISO 14000）和安全（ISO 18000）。

标准在不断增添和修订，企业及其产品也将随之持续发展和更新，只有这样才能推动气动技术稳步发展。

12. 安全性

从近期颁布的有关气动的 ISO 国际标准可知，对气动元件和系统的安全性要求甚严。ISO 4414 气动通则中将危险要素分成 14 类，主要有机械强度、电器、噪声、控制失灵等。ISO 国际组织又颁布了 ISO 18000 标准，要求企业建立安全保证体系，将安全问题放在特别重要的议程上。为此，产品开发和系统设计切实考虑安全指标也是气动技术发展的总趋势。对国内企业而言，由于过去的行业标准忽视了安全问题，有必要对已投入市场的产品重新考核和修正。

思考题

1. 气压传动系统由哪几部分组成？各部分的作用是什么？
2. 气压传动有哪些优点？
3. 气压传动技术的发展趋势是什么？

单元 10　气动元件

10.1　气源装置

气压传动系统中的气源装置是为气动系统提供满足一定质量要求的压缩空气，它是气压传动系统的重要组成部分。由空气压缩机产生的压缩空气，必须经过降温、净化、减压、稳压等一系列处理后，才能供给控制元件和执行元件使用。气动辅助元件是元件连接和提高系统可靠性、使用寿命以及改善工作环境等所必需的。

10.1.1　气源装置

1. 对压缩空气的要求

由空气压缩机排出的压缩空气虽然可以满足气动系统工作时的压力和流量要求，但其温度高达 140 ~ 180 ℃。这时空气压缩机气缸中的润滑油也部分成为气态，这样油分、水分以及灰尘便形成混合的胶体微尘与杂质混在压缩空气中一同排出。如果将此压缩空气直接输送给气动装置使用，将会产生下列影响：

（1）一方面混在压缩空气中的油蒸气可能聚集在储气罐、管道、气动系统的容器中形成易燃物，有引起爆炸的危险；另一方面，润滑油被汽化后，会形成一种有机酸，对金属设备、气动装置有腐蚀作用，影响设备的寿命。

（2）混在压缩空气中的杂质能沉积在管道和气动元件的通道内，减少通道面积，增加管道阻力。特别是对于内径只有 0.2 ~ 0.5 mm 的某些气动元件会造成阻塞，使压力信号不能正确传递，从而使整个气动系统不能稳定工作甚至失灵。

（3）压缩空气中含有的饱和水分，在一定的条件下会凝结成水，并聚集在个别管道中。在寒冷的冬季，凝结的水会使管道及附件结冰而损坏，影响气动装置的正常工作。

（4）压缩空气中的灰尘等杂质，对气动系统中做往复运动或转动的气动元件（如气缸、气马达、气动换向阀等）的运动副会产生研磨作用，使这些元件因漏气而降低效率，影响其使用寿命。

因此，气源装置必须设置一些除油、除水、除尘，并使压缩空气干燥，提高压缩空气质量，进行气源净化处理的辅助设备。

2. 气源装置的组成

压缩空气站的设备一般包括产生压缩空气的空气压缩机和使气源净化的辅助设备。图 10-1 是压缩空气站的设备组成及布置示意图。

在图 10-1 中，1 为空气压缩机，用以产生压缩空气，一般由电动机带动。其吸气口装有空气过滤器以减少进入空气压缩机的杂质。2 为后冷却器，用以降温冷却压缩空气，使汽化的水、油凝结出来。3 为油水分离器，用以分离并排出降温冷却的水滴、油滴、杂质等。4、7 为储气罐，用以储存压缩空气，稳定压缩空气的压力并除去部分油分和水分。5 为干燥器，用以进一步吸收或排除压缩空气中的水分和油分，使之成为干燥空气。6 为过滤器，用以进一步过滤压缩空气中的灰尘、杂质颗粒。储气罐 4 输出的压缩空气可用于一般要求的气压传动系统，储气罐 7 输出的压缩空气可用于要求较高的气动系统（如气动仪表及射流元件组成的控制回路等）。

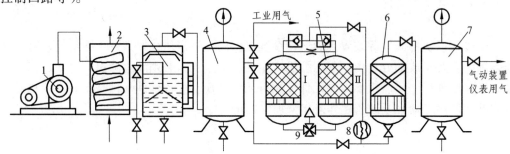

图 10-1　压缩空气站设备组成及布置示意图

1—空气压缩机；2—后冷却器；3—油水分离器；4，7—储气罐；5—干燥器；
6—过滤器；8—加热器；9—四通阀

3. 压缩空气发生装置

（1）空气压缩机的分类。

空气压缩机是一种压缩空气发生装置，它是将机械能转化成气体压力能的能量转换装置，其种类很多。如按工作原理可分为容积型压缩机和速度型压缩机。容积型压缩机的工作原理是压缩气体的体积，使单位体积内气体分子的密度增大，以提高压缩空气的压力；速度型压缩机的工作原理是提高气体分子的运动速度，然后使气体的动能转化为压力能，以提高压缩空气的压力。

（2）空气压缩机的工作原理。

气压传动系统中最常用的空气压缩机是往复活塞式，其工作原理是通过曲柄连杆机构使活塞做往复运动而实现吸、压气，并达到提高气体压力的目的，如图 10-2 所示。当活塞 3 向右运动时，气缸 2 内活塞左腔的压力低于大气压力，吸气阀 9 被打开，空气在大气压力作用下进入气缸 2 内，这个过程称为吸气过程；当活塞向左移动时，吸气阀 9 在缸内压缩气体的作用下关闭，缸内气体被压缩，这个过程称为压缩过程；当气缸内空气压力增高到略高于输气管内压力后，排气阀 1 被打开，压缩空气进入输气管道，这个过程称为排气过程。活塞 3 的往复运动是由电动机带动曲柄转动，通过连杆、滑块、活塞杆转化为直线往复运动而产生的。图中只表示了 1 个活塞 1 个缸的空气压缩机，大多数空气压缩机是多缸多活塞的组合。

（3）空气压缩机的选用原则。

选用空气压缩机的依据是气压系统所需的工作压力和流量 2 个参数。按排气压力不同，空气压缩机分为 4 种：排气压力为 0.2 MPa 的空气压缩机为低压空气压缩机；排气压力为 1.0 MPa 的空气压缩机为中压空气压缩机；排气压力为 10 MPa 的空气压缩机为高压空气压缩机；排气压力为 100 MPa 的空气压缩机为超高压空气压缩机。低压空气压缩机为单级式，中压、高压和超高压空气压缩机为多级式，最多级数可达 8 级。目前，国外已制成压力达 343 MPa

聚乙烯用的超高压压缩机。

根据整个气动系统对压缩空气的需要再加一定的备用余量，作为选择空气压缩机的流量依据。空气压缩机铭牌上的流量是自由空气流量。

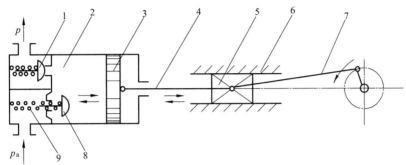

图 10-2 活塞式空气压缩机原理图

1—排气阀；2—气缸；3—活塞；4—活塞杆；5—滑块；6—滑道；7—曲柄连杆；8—吸气阀；9—弹簧

4. 压缩空气净化、储存设备

压缩空气净化装置一般包括后冷却器、油水分离器、储气罐、干燥器、过滤器等。

（1）冷却器。

后冷却器安装在空气压缩机出口处的管道上，它的作用是将空气压缩机排出的压缩空气温度由 140～170 ℃ 降至 40～50 ℃。这样就可使压缩空气中的油雾和水汽迅速达到饱和，使其大部分析出并凝结成油滴和水滴，以便经油水分离器排出。后冷却器的结构形式有蛇形管式、列管式、散热片式、管套式。冷却方式有水冷和气冷两种方式，蛇形管和列管式后冷却器的结构如图 10-3 所示。

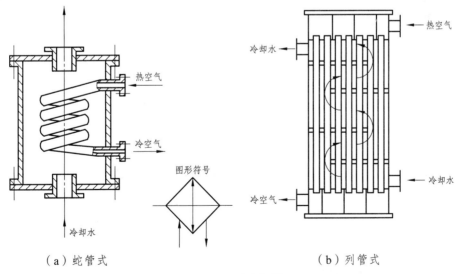

（a）蛇管式   （b）列管式

图 10-3 后冷却器

（2）油水分离器。

油水分离器安装在后冷却器出口管道上，它的作用是分离并排出压缩空气中凝聚的油分、水分和灰尘杂质等，使压缩空气得到初步净化。图 10-4 所示是油水分离器的示意图。压缩空气由入口进入分离器壳体后,气流先受到隔板阻挡而被撞击折回向下(见图中箭头所示流向);之后又上升产生环形回转,这样凝聚在压缩空气中的油滴、水滴等杂质受惯性力作用而分离析出,沉降于壳体底部,由放水阀定期排出。

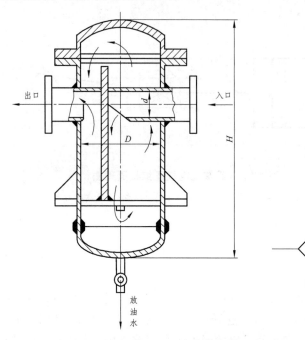

图 10-4 油水分离器

（3）储气罐。

储气罐的主要作用是储存一定数量的压缩空气,以备发生故障或临时需要时应急使用;消除由于空气压缩机断续排气而对系统引起的压力脉动,保证输出气流的连续性和平稳性;进一步分离压缩空气中的油、水等杂质。储气罐一般采用焊接结构,如图 10-5 所示。

（4）干燥器。

经过后冷却器、油水分离器和储气罐后得到初步净化的压缩空气,已满足一般气压传动的需要。但压缩空气中仍含一定量的油、水以及少量的粉尘。如果用于精密的气动装置、气动仪表等,上述压缩空气还必须进行干燥处理。压缩空气干燥的方法主要有吸附、离心、机械降水及冷却等方法。

吸附法是利用具有吸附性能的吸附剂（如硅胶、铝胶或分子筛等）来吸附压缩空气中含有的水分,而使其干燥;冷却法是利用制冷设备使空气冷却到一定的露点温度,析出空气中超过饱和水蒸气部分的多余水分,从而达到所需的干燥度。吸附法是干燥处理方法中应用最

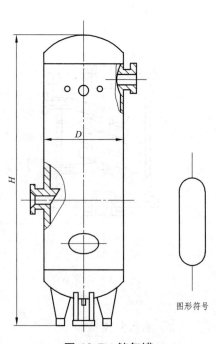

图 10-5 储气罐

为普遍的一种方法。吸附式干燥器的结构如图 10-6 所示。它的外壳呈筒形，其中分层设置栅板、吸附剂、滤网等。湿空气从管 18 进入干燥器，通过上吸附剂层、过滤网 16、上栅板 15 和下部吸附剂层 14 后，因其中的水分被吸附剂吸收而变得很干燥。然后，再经过钢丝网 12、下栅板 11 和过滤网 9，干燥、洁净的压缩空气便从输出管 6 排出。

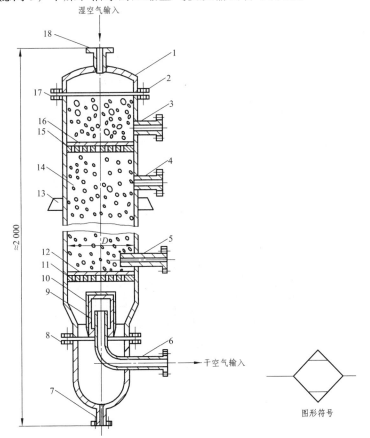

图 10-6　吸附式干燥器结构图与图形符号

1—顶盖；2，8，17—法兰；3，4—再生空气排气管；5—再生空气进气管；6—干燥空气输出管；
7—排水管；9，12，16—钢丝过滤网；10—毛毡；11—下栅板；13—支撑板；
14—吸附剂层；15—上栅板；18—湿空气进气管

（5）过滤器。

空气的过滤是气压传动系统中的重要环节。不同的场合，对压缩空气的要求也不同。过滤器的作用是进一步滤除压缩空气中的杂质。常用的过滤器有一次性过滤器（也称简易过滤器，滤灰效率为 50% ~ 70%）、二次性过滤器（也称分水滤气器，滤灰效率为 70% ~ 99%）。在要求高的特殊场合，还可使用高效率的过滤器（滤灰效率大于 99%）。

10.1.2　辅助元件

分水滤气器、减压阀和油雾器一起称为气动三大件，三大件依次无管化连接而成的组件称为三联件，是多数气动设备中必不可少的气源装置。大多数情况下，三大件组合使用，其安装次序依进气方向为分水滤气器、减压阀、油雾器。三大件应安装在进气设备的近处。

　　压缩空气经过三大件的最后处理，将进入各气动元件及气动系统。因此，三大件是气动系统使用压缩空气质量的最后保证。其组成及规格，需由气动系统具体的用气要求确定，可以少于三大件，只用一件或两件，也可多于三件。

1. 分水滤气器

　　分水滤气器能除去压缩空气中的冷凝水、固态杂质和油滴，用于空气精过滤。分水滤气器的结构如图 10-7 所示。其工作原理如下：当压缩空气从输入口流入后，由导流叶片 1 引入滤杯中，导流叶片使空气沿切线方向旋转形成旋转气流，夹杂在气体中的较大水滴、油滴和杂质被甩到滤杯的内壁上，并沿杯壁流到底部。然后气体通过中间的滤芯 2，部分灰尘、雾状水被滤芯 2 拦截而滤去，洁净的空气便从输出口输出。挡水板 4 是防止气体漩涡将杯中积存的污水卷起而破坏过滤作用。为保证分水滤气器正常工作，必须及时将存水杯中的污水通过排水阀 5 放掉。在某些人工排水不方便的场合，可采用自动排水式分水滤气器。

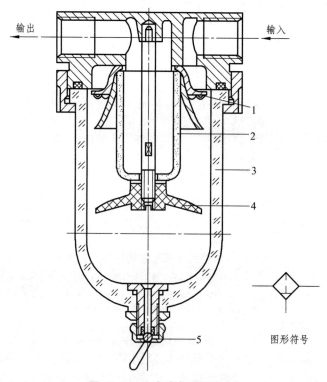

图 10-7　分水滤气器结构图

1—导流叶片；2—滤芯；3—储水杯；4—挡水板；5—手动排水阀

2. 油雾器

　　油雾器是一种特殊的注油装置。它以空气为动力，使润滑油雾化后，注入空气流中，并随空气进入需要润滑的部件，达到润滑的目的。

　　图 10-8 是普通油雾器（也称一次油雾器）的结构简图。当压缩空气由输入口进入后，通过喷嘴 1 下端的小孔进入阀座 4 的腔室内，在截止阀的钢球 2 上下表面形成压差，由于泄漏

和弹簧 3 的作用，而使钢球处于中间位置。压缩空气进入存油杯 5 的上腔使油面受压，压力油经吸油管 6 将单向阀 7 的钢球顶起，钢球上部管道有一个方形小孔，钢球不能将上部管道封死。压力油不断流入视油器 9 内，再滴入喷嘴 1 中，被主管气流从上面小孔引射出来，雾化后从输出口输出。节流阀 8 可以调节流量，使滴油量在每分钟 0 ~ 120 滴内变化。

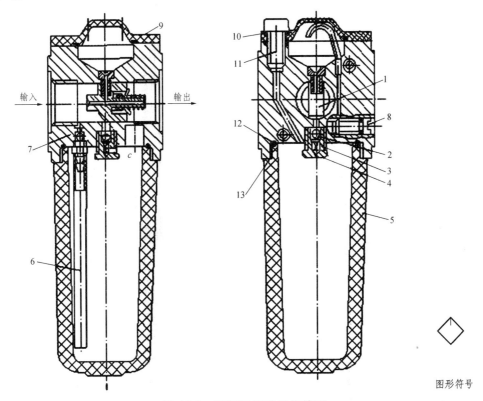

图形符号

图 10-8　普通油雾器结构简图

1—喷嘴；2—钢球；3—弹簧；4—阀座；5—存油杯；6—吸油管；7—单向阀；8—节流阀；
9—视油器；10，12—密封垫；11—油塞；13—螺母、螺钉

　　二次油雾器能使油滴在雾化器内进行两次雾化，使油雾粒度更小、更均匀，输送距离更远。二次雾化粒径可达 5 μm。

　　油雾器的选择主要是根据气压传动系统所需额定流量及油雾粒径大小来进行。所需油雾粒径在 50 μm 左右选用一次油雾器。若需油雾粒径很小可选用二次油雾器。油雾器一般应配置在滤气器和减压阀之后，用气设备之前较近处。

3. 消声器

　　在气压传动系统中，气缸、气阀等元件工作时，排气速度较高，气体体积急剧膨胀，会产生刺耳的噪声。噪声的强弱随排气的速度、排量和空气通道的形状而变化。排气的速度和功率越大，噪声也越大，一般可达 100 ~ 120 dB，为了降低噪声可以在排气口装消声器。

　　消声器就是通过阻尼或增加排气面积来降低排气速度和功率，从而降低噪声的。根据消声原理不同，消声器可分为 3 种类型：阻性消声器、抗性消声器和阻抗复合式消声器。常用的是阻性消声器。

图 10-9 是阻性消声器的结构简图。这种消声器主要依靠吸音材料消声。消声罩 2 为多孔的吸音材料，一般用聚苯乙烯或铜珠烧结而成。当消声器的通径小于 20 mm 时，多用聚苯乙烯作消音材料制成消声罩；当消声器的通径大于 20 mm 时，消声罩多用铜珠烧结，以增加强度。其消声原理是当有压气体通过消声罩时，气流受到阻力，声能量被部分吸收而转化为热能，从而降低了噪声强度。

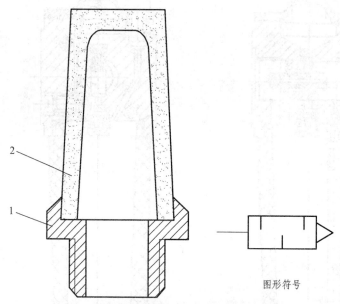

图形符号

图 10-9   阻性消声器的结构简图与图形符号
1—连接螺丝；2—消声罩

阻性消声器结构简单，具有良好的消除中、高频噪声的性能。在气动系统中，排气噪声主要是中、高频噪声，尤其是高频噪声，所以采用这种消声器是合适的。

10.2   气动执行元件

气动执行元件是将压缩空气的压力能转换为机械能的装置。它包括气缸和气马达。气缸用于实现直线往复运动或摆动，气马达用于实现连续回转运动。

10.2.1   气   缸

气缸按结构形式分为两大类：活塞式和膜片式。其中，活塞式又分为单活塞式和双活塞式，单活塞式有活塞杆和无活塞杆两种。除几种特殊气缸外，普通气缸的种类及结构形式与液压缸基本相同。目前常用的标准气缸，其结构和参数都已系列化、标准化、通用化，如 QG（A）系列为无缓冲普通气缸，QG（B）系列为有缓冲普通气缸。其他几种较为典型的特殊气缸有气液阻尼缸、薄膜式气缸和冲击式气缸等。

1. 气缸的基本构造（以单杆双作用气缸为例）

由于气缸构造多种多样，但使用最多的是单杆双作用气缸。下面就以单杆双作用气缸为例，说明气缸的基本构造。

图 10-10 所示为单杆双作用气缸的结构图，它由缸筒、端盖、活塞、活塞杆和密封件等组成。缸筒内径的大小代表了气缸输出力的大小，活塞要在缸筒内做平稳的往复滑动，缸筒内表面的粗糙度应达 $R_a0.8\ \mu m$。对于钢管缸筒，内表面还应镀硬铬，以减小摩擦阻力和磨损，并防止锈蚀。缸筒材质除使用高碳钢管外，还使用高强度铝合金和黄铜，小型气缸有使用不锈钢的。带磁性环或在腐蚀环境中使用的气缸，缸筒应使用不锈钢、铝合金或黄铜等材质。

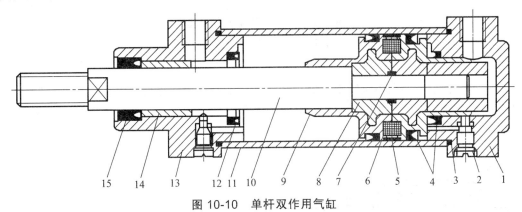

图 10-10　单杆双作用气缸

1—后端盖；2—缓冲节流；3，7—密封圈；4—活塞密封圈；5—导向环；6—磁性环；8—活塞；9—缓冲柱塞；
10—活塞杆；11—缸筒；12—缓冲密封圈；13—前端盖；14—导向套；15—防尘组合密封圈

端盖上设有进、排气通口，有的还在端盖内设有缓冲机构。后端盖设有防尘组合密封圈，以防止从活塞杆处向外漏气和防止外部灰尘混入缸内。前端盖设有导向套，以提高气缸的导向精度，承受活塞杆上的少量径向载荷，减少活塞杆伸出时的下弯量，延长气缸的使用寿命。导向套通常使用烧结含油合金、铅青铜铸件，端盖常采用可锻铸铁。现在为了减轻质量并防锈，常使用铝合金压铸，有的微型气缸使用黄铜材料。

活塞是气缸中的受压力零件，为防止活塞左、右两腔相互窜气，设有活塞密封圈。活塞上的耐磨环可提高气缸的导向性。耐磨环常使用聚氨酯、聚四氟乙烯、夹布合成树脂等材料。活塞的材质常采用铝合金和铸铁，有的小型气缸的活塞用黄铜制成。

活塞杆是气缸中最重要的受力零件，通常使用高碳钢，其表面经镀硬铬处理，或使用不锈钢以防腐蚀，并能提高密封圈的耐磨性。

2. 其他常用气缸简介

（1）气液阻尼缸。

普通气缸工作时，由于气体的压缩性，当外部载荷变化较大时，会产生"爬行"或"自走"现象，使气缸的工作不稳定。为了使气缸运动平稳，普遍采用气液阻尼缸。

气液阻尼缸是由气缸和油缸组合而成，它的工作原理与类型如图 10-11 所示。气液阻尼缸以压缩空气为动力，以液压油为阻力，来控制调节气缸的运动速度，即利用液体不可压缩的特性来获得稳定的运动速度。活塞的移动速度可由节流阀来调节，油杯起补油作用。

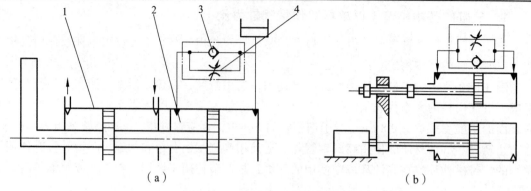

图 10-11　气液阻尼缸的类型

1—气缸；2—油缸；3—单向阀；4—节流阀

（2）薄膜式气缸。

薄膜式气缸是一种利用压缩空气通过膜片推动活塞杆做往复直线运动的气缸。它由缸体、膜片、膜盘和活塞杆等主要零件组成。其功能类似于活塞式气缸，它分单作用式和双作用式两种，如图 10-12 所示。

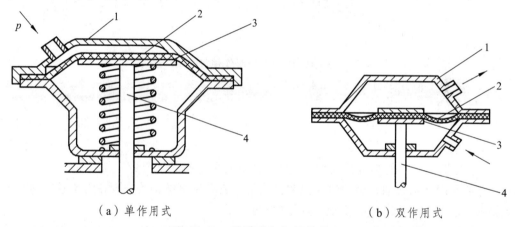

图 10-12　薄膜式气缸结构简图

1—缸体；2—膜片；3—膜盘；4—活塞杆

薄膜式气缸的膜片可以做成盘形膜片和平膜片两种形式。膜片材料为夹织物橡胶、钢片或磷青铜片。常用的是夹织物橡胶，橡胶的厚度为 5 ~ 6 mm，有时也可为 1 ~ 3 mm。金属式膜片只用于行程较小的薄膜式气缸中。

薄膜式气缸和活塞式气缸相比较，具有结构简单、紧凑、制造容易、成本低、维修方便、寿命长、泄漏小、效率高等优点。但是膜片的变形量有限，故其行程短（一般不超过 40 ~ 50 mm），且气缸活塞杆上的输出力随着行程的加大而减小。

（3）冲击气缸。

冲击气缸是一种体积小、结构简单、易于制造、耗气功率小但能产生相当大的冲击力的一种特殊气缸。与普通气缸相比，冲击气缸的结构特点是增加了一个具有一定容积的蓄能腔和喷嘴。

冲击气缸的整个工作过程可简单地分为 3 个阶段。

第一个阶段如图 10-13（a）所示，压缩空气由孔 A 输入冲击缸的下腔，蓄气缸经孔 B 排气，活塞上升并用密封垫封住喷嘴，中盖和活塞间的环形空间经排气孔与大气相通。

第二阶段如图 10-13（b）所示，压缩空气改由孔 B 进气，输入蓄气缸中，冲击缸下腔经孔 A 排气。由于活塞上端气压作用在面积较小的喷嘴上，而活塞下端受力面积较大，一般设计成喷嘴面积的 9 倍，缸下腔的压力虽因排气而下降，但此时活塞下端向上的作用力仍然大于活塞上端向下的作用力。

第三阶段如图 10-13（c）所示，蓄气缸的压力继续增大，冲击缸下腔的压力继续降低，当蓄气缸内压力高于活塞下腔压力 9 倍时，活塞开始向下移动，活塞一旦离开喷嘴，蓄气缸内的高压气体迅速充入到活塞与中盖间的空间，使活塞上端受力面积突然增加 9 倍，于是活塞将以极大的加速度向下运动，气体的压力能转换成活塞的动能。在冲程达到一定时，获得最大冲击速度和能量，利用这个能量对工件进行冲击做功，产生很大的冲击力。

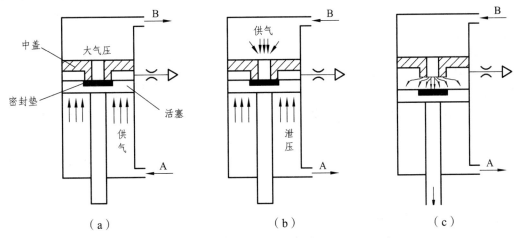

图 10-13　冲击气缸工作原理图

10.2.2　气动马达

气动马达也是气动执行元件的一种。它的作用相当于电动机或液压马达，即输出力矩，拖动机构做旋转运动。最常见的气动马达是活塞式气动马达和叶片式气动马达。叶片式气动马达制造简单，结构紧凑，但低速运动转矩小，低速性能不好，适用于中、低功率的机械，目前在矿山及风动工具中应用普遍；活塞式气动马达在低速情况下有较大的输出功率，它的低速性能好，适宜于载荷较大和要求低速转矩的机械，如起重机、绞车、绞盘、拉管机等。

由于气动马达具有一些比较突出的优点，在某些场合，它比电动机和液压马达更适用，这些特点具体如下：

（1）具有防爆性能，工作安全。由于气动马达的工作介质（空气）本身的特性和结构设计上的考虑，能够在工作中不产生火花，故可以在易燃易爆场所工作；同时不受高温和振动的影响，并能用于空气极潮湿的环境，而无漏电危险。

（2）马达的软特性使之能长时间满载工作而温升较小，且有过载保护的性能。

（3）可以无级调速。控制进气流量，就能调节马达的转速和功率。额定转速为每分钟几十转到几十万转。

（4）具有较高的启动力矩，可以直接带负载运动。

（5）与电动机相比，单位功率尺寸小，质量轻，适于安装在位置狭小的场合及手工工具上。

但气动马达也具有输出功率小、耗气量大、效率低、噪声大和易产生振动等缺点。

1. 叶片式气动马达

图 10-14 是叶片式气马达的工作原理图。它的主要结构和工作原理与液压叶片马达相似，主要包括一个径向装有 3~10 个叶片的转子，偏心安装在定子内，转子两侧有前、后盖板（图中未画出）。当压缩空气从 A 口进入后分两路：一路进入叶片底部槽中，会使叶片从径向沟槽伸出；另一路进入定子腔，转子周围径向分布的叶片由于偏心，伸出的长度不同而受力不一样，产生旋转力矩，叶片带动转子做逆时针旋转。定子内有半圆形的切沟，提供压缩空气及排出废气。废气从排气口 C 排出，而定子腔内残留气体则从 B 口排出。如需改变气动马达的旋转方向，只需改变进、排气口即可。

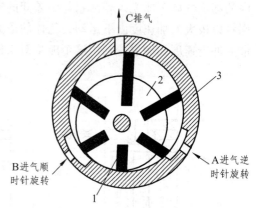

图 10-14　叶片式气动马达工作原理图

1—叶片；2—转子；3—定子

2. 活塞式气动马达

如图 10-15 所示，活塞式气动马达是由曲轴、连杆组件、活塞、气缸体、配气阀、配气阀套等主要零件组成，工作时将压缩空气通过管路接入马达进气口，气体通过马达内部配气系统按一定相位，依次向各个气缸输入压缩气体，气体在气缸内膨胀而做功，即膨胀力推动活塞往复运动，带动连杆和曲轴做回转运动产生机械能。

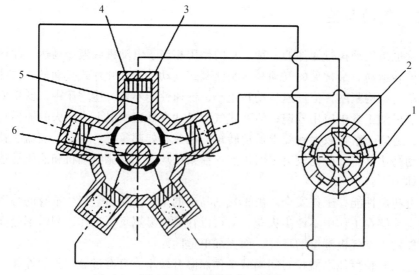

图 10-15　活塞式气动马达

1—配气阀套；2—配气阀；3—气缸体；4—活塞；5—连杆组件；6—曲轴

活塞式气动马达为双向形式，体积小，质量较轻，启动扭矩大，调节进气阀门大小可以实现马达无级调速，通过换向阀可以实现马达正反转，同时具有过载保护和带负荷气动等良好特性。

10.3　气动控制元件

在气压传动系统中，气动控制元件是控制和调节压缩空气的压力、流量和方向的各种控制阀，其作用是保证气动执行元件（如气缸、气马达等）按设计的程序正常地进行工作。

10.3.1　方向控制阀

1. 方向控制阀的分类

方向控制阀是气压传动系统中通过改变压缩空气的流动方向和气流的通断，来控制执行元件启动、停止及运动方向的气动元件。

根据方向控制阀的功能、控制方式、结构方式、阀内气流的方向及密封形式等，可将方向控制阀分为几类，如表 10-1 所示。

表 10-1　方向控制阀的分类

分类方式	形　式
按阀内气体的流动方向	单向阀、换向阀
按阀芯的结构形式	截止阀、滑阀
按阀的密封形式	硬质密封、软质密封
按阀的工作位数及通路数	二位三通、二位五通、三位五通等
按阀的控制操纵方式	气压控制、电磁控制、机械控制、手动控制

下面介绍几种典型的方向控制阀。

2. 气压控制换向阀

气压控制换向阀是以压缩空气为动力切换气阀，使气路换向或通断的阀类。气压控制换向阀的用途很广，多用于组成全气阀控制的气压传动系统或易燃、易爆以及高净化等场合。

（1）单气控加压式换向阀。

图 10-16 为单气控加压式换向阀的工作原理图。图 10-16（a）是无气控信号 K 时的状态（即常态），此时，阀芯 1 在弹簧 2 的作用下处于上端位置，使阀 A 与 O 相通，A 口排气；图 10-16（b）是有气控信号 K 时阀的状态（即动力阀状态），由于气压力的作用，阀芯 1 压缩弹簧 2 下移，使阀口 A 与 O 断开，P 与 A 接通，A 口有气体输出。

图 10-17 为二位三通单气控截止式换向阀的结构图。这种换向阀结构简单、紧凑、密封可靠、换向行程短，但换向力大。若将气控接头换成电磁头（即电磁先导阀），可变气控阀为先导式电磁换向阀。

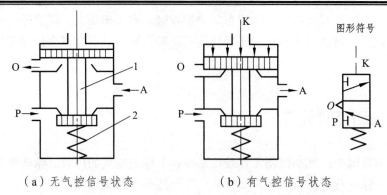

（a）无气控信号状态   （b）有气控信号状态

图 10-16   单气控加压截止式换向阀的工作原理图

1—阀芯；2—弹簧

（2）双气控加压式换向阀。

图 10-18 为双气控滑阀式换向阀的工作原理图。图 10-18（a）为有气控信号 K_2 时阀的状态，此时阀停在左边，其通路状态是 P 与 A、B 与 O 相通；图 10-18（b）为有气控信号 K_1 时阀的状态（此时信号 K_2 已不存在），阀芯换位，其通路状态变为 P 与 B、A 与 O 相通。双气控滑阀具有记忆功能，即气控信号消失后，阀仍能保持在有信号时的工作状态。

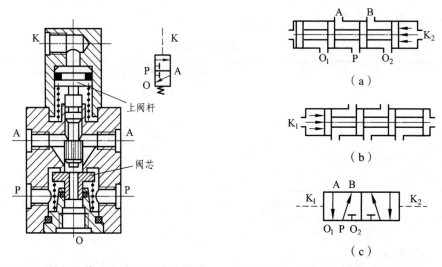

图 10-17   单气控截止式换向阀的结构图   图 10-18   双气控滑阀式换向阀的工作原理图

（3）差动控制换向阀。

差动控制换向阀是利用控制气压作用在阀芯两端不同面积上所产生的压力差来使阀换向的一种控制方式。

图 10-19 为二位五通差压控制换向阀的结构原理图。阀的右腔始终与进气口 P 相通。在没有进气信号 K 时，控制活塞 13 上的气压力将推动阀芯 9 左移，其通路状态为 P 与 A、B 与 O 相通，A 口进气，B 口排气；当有气控信号 K 时，由于控制活塞 3 的端面积大于控制活塞 13 的端面积，作用在控制活塞 3 上的气压力将克服控制活塞 13 上的压力及摩擦力，推动阀芯 9 右移，气路换向，其通路状态为 P 与 B、A 与 O 相通，B 口进气，A 口排气；当气控信号 K 消失时，阀芯 9 借助右腔内的气压作用复位。采用气压复位可提高阀的可靠性。

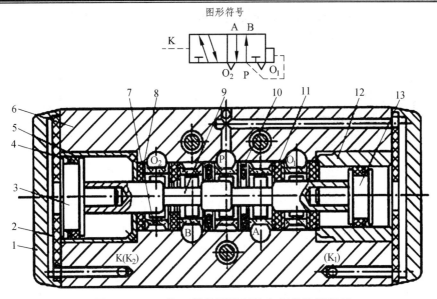

图 10-19　二位五通差压控制换向阀结构原理图

1—端盖；2—缓冲垫片；3，13—控制活塞；4，10，11—密封垫；5，12—衬套；

6—阀体；7—隔套；8—挡片；9—阀芯

3. 电磁控制换向阀

电磁控制换向阀是利用电磁力的作用来实现阀的切换以控制气流的流动方向。常用的电磁控制换向阀有直动式和先导式两种。

（1）直动式电磁换向阀。

图 10-20 为直动式单电控电磁阀的工作原理图，它只有 1 个电磁铁。图 10-20（a）为常态情况，即激励线圈不通电，此时阀在复位弹簧的作用下处于上端位置。其通路状态为 A 与 T 相通，A 口排气。当通电时，电磁铁 1 推动阀芯向下移动，气路换向，其通路为 P 与 A 相通，A 口进气，如图 10-20（b）所示。

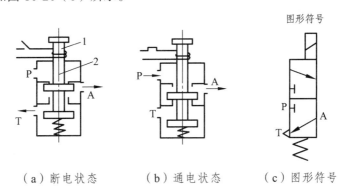

（a）断电状态　　　　（b）通电状态　　　　（c）图形符号

图 10-20　直动式单电控电磁阀原理图

1—电磁铁；2—阀芯

图 10-21 为直动式双电控电磁阀的工作原理图。它有 2 个电磁铁，当线圈 1 通电、2 断电[见图 10-21（a）]时，阀芯被推向右端，其通路状态是 P 与 A、B 与 O_2 相通，A 口进气，

B 口排气；当线圈 1 断电时，阀芯仍处于原状态，即具有记忆性。当电磁线圈 2 通电、1 断电 [见图 10-21（b）]时，阀芯被推向左端，其通路状态是 P 与 B、A 与 O_1 相通，B 口进气，A 口排气；若电磁线圈断电，气流通路仍保持原状态。

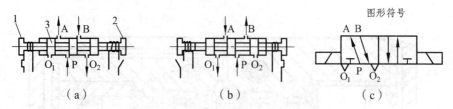

图 10-21　直动式双电控电磁阀原理图

1，2—电磁铁；3—阀芯

（2）先导式电磁换向阀。

直动式电磁换向阀是由电磁铁直接推动阀芯移动的，当阀通径较大时，用直动式结构所需的电磁铁体积和电力消耗都必然加大，为克服此弱点可采用先导式结构。

先导式电磁阀是由电磁铁首先控制气路，产生先导压力，再由先导压力推动主阀阀芯，使其换向。

图 10-22 为先导式双电控换向阀的工作原理图。当电磁先导阀 1 的线圈通电、2 断电时[见图 10-22（a）]，由于主阀 3 的 K_1 腔进气，K_2 腔排气，使主阀阀芯向右移动。此时 P 与 A、B 与 O_2 相通，A 口进气、B 口排气。当电磁先导阀 2 通电、1 断电时[见图 10-22（b）]，主阀的 K_2 腔进气，K_1 腔排气，使主阀阀芯向左移动。此时 P 与 B、A 与 O_1 相通，B 口进气、A 口排气。先导式双电控电磁阀具有记忆功能，即通电换向，断电保持原状态。为保证主阀正常工作，2 个电磁阀不能同时通电，电路中要考虑互锁。

先导式电磁换向阀便于实现电、气联合控制，所以应用广泛。

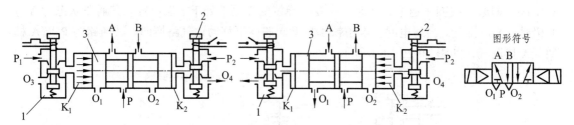

（a）先导阀 1 通电、2 断电时状态　　（b）先导阀 2 通电、1 断电时状态

图 10-22　先导式双电控换向阀工作原理图

1，2—电磁先导阀；3—主阀

4．机械控制换向阀

机械控制换向阀又称行程阀，多用于行程程序控制，作为信号阀使用，常依靠凸轮、挡块或其他机械外力推动阀芯，使阀换向。

5．人力控制换向阀

这类阀分为手动及脚踏 2 种操纵方式。手动阀的主体部分与气控阀类似，其操纵方式有多种形式，如按钮式、旋钮式、锁式及推拉式等。

6. 时间控制换向阀

时间控制换向阀是使气流通过气阻（如小孔、缝隙等）节流后到气容（储气空间）中，经一定的时间使气容内建立起一定的压力后，再使阀芯换向的阀类。在不允许使用时间继电器（电控制）的场合（如易燃、易爆、粉尘大等），用气动时间控制就显出其优越性。

7. 梭 阀

梭阀是有 2 个单向阀组合的阀，图 10-23 为梭阀的工作原理图。

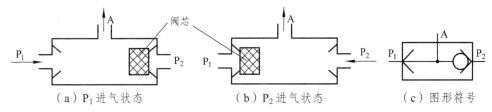

（a）P_1 进气状态   （b）P_2 进气状态   （c）图形符号

图 10-23　梭阀的工作原理图

梭阀有 2 个进气口 P_1 和 P_2，一个工作口 A，阀芯在 2 个方向上起单向阀的作用。其中 P_1 和 P_2 都可与 A 口相通，但 P_1 与 P_2 不相通。当 P_1 进气时，阀芯右移，封住 P_2 口，使 P_1 与 A 相通，A 口进气，如图 10-23（a）所示；反之，P_2 进气时，阀芯左移，封住 P_1 口，使 P_2 与 A 相通，A 口也进气，如图 10-23（b）所示。若 P_1 与 P_2 都进气时，阀芯就可能停在任意一边，这主要看压力加入的先后顺序和压力的大小而定。若 P_1 与 P_2 不等，则高压口的通道打开，低压口则被封闭，高压气流从 A 口输出。

梭阀的应用很广，多用于手动与自动控制的并联回路中。

10.3.2　压力控制阀

1. 压力控制阀的作用及分类

气动系统不同于液压系统，一般每一个液压系统都自带液压源（液压泵）；而在气动系统中，一般来说由空气压缩机先将空气压缩，储存在储气罐内，然后经管路输送给各个气动装置使用。而储气罐的空气压力往往比各台设备实际所需要的压力高些，同时其压力波动值也较大。因此，需要用减压阀（调压阀）将其压力减到每台装置所需的压力，并使减压后的压力稳定在所需压力值上。

有些气动回路需要依靠回路中压力的变化来实现控制 2 个执行元件的顺序动作，所用的这种阀就是顺序阀。顺序阀与单向阀的组合称为单向顺序阀。

所有的气动回路或储气罐为了安全起见，当压力超过允许压力值时，需要实现自动向外排气，这种压力控制阀叫安全阀（溢流阀）。

2．减压阀（调压阀）

图 10-24 是 QTY 型直动式减压阀结构图。其工作原理是当阀处于工作状态时，调节手柄 1，压缩弹簧 2、3 及膜片 5，通过阀杆 6 使阀芯 8 下移，进气阀口被打开，有压气流从左端输入，经阀口节流减压后从右端输出。输出气流的一部分由阻尼管 7 进入膜片气室，在膜片 5 的下方产生一个向上的推力，这个推力总是企图把阀口开度关小，使其输出压力下降。当作用于膜片上的推力与弹簧力相平衡后，减压阀的输出压力便保持一定。

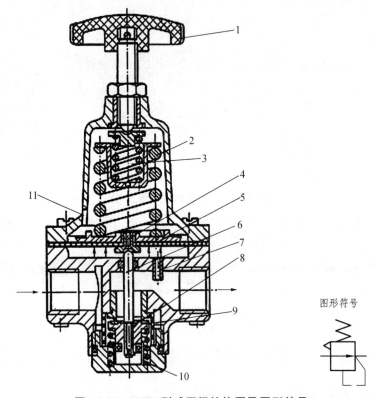

图形符号

图 10-24　QTY 型减压阀结构图及图形符号

1—手柄；2，3—调压弹簧；4—溢流口；5—膜片；6—阀杆；7—阻尼孔；8—阀芯；
9—阀座；10—复位弹簧；11—排气孔

当输入压力发生波动时，如输入压力瞬时升高，输出压力也随之升高，作用于膜片 5 上的气体推力也随之增大，破坏了原来力的平衡，使膜片 5 向上移动，有少量气体经溢流口 4、排气孔 11 排出。在膜片上移的同时，因复位弹簧 10 的作用，使输出压力下降，直到新的平衡为止。重新平衡后的输出压力又基本上恢复至原值。反之，输出压力瞬时下降，膜片下移，进气口开度增大，节流作用减小，输出压力又基本回升至原值。

调节手柄 1 使弹簧 2、3 恢复自由状态，输出压力降至零。阀芯 8 在复位弹簧 10 的作用下，关闭进气阀口，这样，减压阀便处于截止状态，无气流输出。

QTY 型直动式减压阀的调压范围为 0.05～0.63 MPa。为限制气体流过减压阀所造成的压力损失，规定气体通过阀内通道的流速在 15～25 m/s。

安装减压阀时，要按气流的方向和减压阀上所示的箭头方向，依照分水滤气器、减压阀、油雾器的安装次序进行安装。调压时应由低向高调,直至规定的调压值为止。阀不用时,应把手柄放松,以免膜片经常受压变形。

3. 顺序阀

顺序阀是依靠气路中压力的作用而控制执行元件按顺序动作的压力控制阀,如图 10-25 所示,它根据弹簧的预压缩量来控制其开启压力。当输入压力达到或超过开启压力时,顶开弹簧,于是 P 到 A 才有输出;反之,A 无输出。

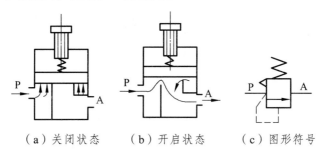

（a）关闭状态   （b）开启状态   （c）图形符号

图 10-25 顺序阀工作原理图及其职能符号

顺序阀一般很少单独使用,往往与单向阀配合在一起,构成单向顺序阀。图 10-26 所示为单向顺序阀的工作原理图。当压缩空气由左端进入阀腔后,作用于活塞 3 上的气压力超过压缩弹簧 3 上的力时,将活塞顶起,压缩空气从 P 经 A 输出,如图 10-26（a）所示,此时单向阀 4 在压差力及弹簧力的作用下处于关闭状态;反向流动时,输入侧变成排气口,输出侧压力将顶开单向阀 4 由 O 口排气,如图 10-26（b）所示。

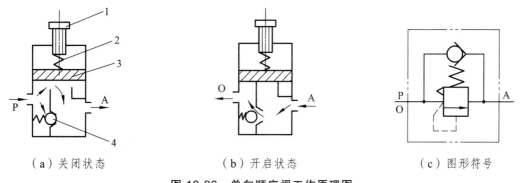

（a）关闭状态   （b）开启状态   （c）图形符号

图 10-26 单向顺序阀工作原理图

1—调节杆;2—弹簧;3—活塞;4—单向阀

调节旋钮就可改变单向顺序阀的开启压力,以便在不同的开启压力下,控制执行元件的顺序动作。

4. 安全阀

当储气罐或回路中压力超过某调定值时,要用安全阀向外放气,安全阀在系统中起过载保护作用。

图 10-27 是安全阀工作原理图。当系统中气体压力在调定范围内时,作用在活塞 3 上的压力小于弹簧 2 的力,活塞处于关闭状态,如图 10-27（a）所示。当系统压力升高,作用在

活塞 3 上的压力大于弹簧的预定压力时，活塞 3 向上移动，阀门开启排气，如图 10-27（b）所示。直到系统压力降到调定范围以下，活塞又重新关闭。开启压力的大小与弹簧的预压量有关。

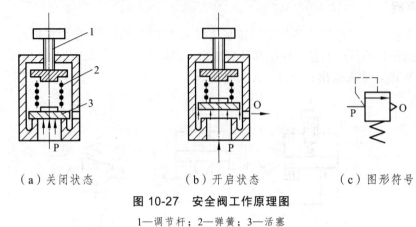

（a）关闭状态　　　　　　（b）开启状态　　　　　（c）图形符号

图 10-27　安全阀工作原理图

1—调节杆；2—弹簧；3—活塞

10.3.3　流量控制阀

在气压传动系统中，有时需要控制气缸的运动速度，有时需要控制换向阀的切换时间和气动信号的传递速度，这些都需要调节压缩空气的流量来实现。流量控制阀就是通过改变阀的通流截面面积来实现流量控制的元件。流量控制阀包括节流阀、单向节流阀、排气节流阀和快速排气阀等。

1. 节流阀

图 10-28 所示为圆柱斜切型节流阀的工作原理图。压缩空气由 P 口进入，经过节流后，由 A 口流出。旋转阀芯螺杆，就可改变节流口的开度，这样就调节了压缩空气的流量。由于这种节流阀的结构简单、体积小，故应用范围较广。

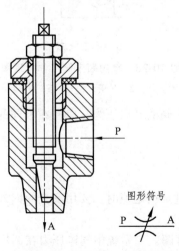

图形符号

图 10-28　节流阀工作原理图

2.　单向节流阀

单向节流阀是由单向阀和节流阀并联而成的组合式流量控制阀，如图 10-29 所示。当气流沿着一个方向，如 P→A 流动时，经过节流阀节流；反方向流动，由 A→P 时，单向阀打开，不节流。单向节流阀常用于气缸的调速和延时回路。

3.　排气节流阀

排气节流阀是装在执行元件的排气口处，调节进入大气中气体流量的一种控制阀。它不仅能调节执行元件的运动速度，还常带有消声器件，所以也能起降低排气噪声的作用。

图 10-30 为排气节流阀工作原理图。其工作原理和节流阀类似，靠调节节流口 1 处的通流面积来调节排气流量，由消声套 2 来减小排气噪声。

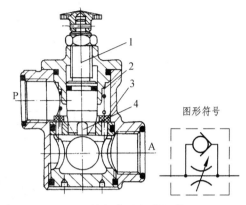

图 10-29　单向节流阀的结构原理图

1—调节杆；2—弹簧；3—单向阀；4—节流口

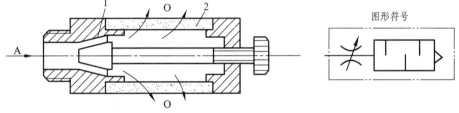

图 10-30　排气节流阀工作原理图

1—节流口；2—消声套

4.　快速排气阀

图 10-31 为快速排气阀的工作原理图。当进气口 P 进入压缩空气时，将密封活塞迅速上推，开启阀口 2，同时关闭排气口 O，使进气口 P 和工作口 A 相通，如图 10-31（a）所示；当 P 口没有压缩空气进入时，在 A 口和 P 口压差作用下，密封活塞迅速下降，关闭 P 口，使 A 口通过 O 口快速排气。

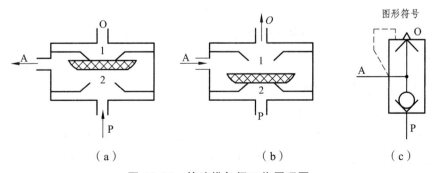

（a）　　　　　　　　　　（b）　　　　　　　　　　（c）

图 10-31　快速排气阀工作原理图

1—排气口；2—阀口

快速排气阀常安装在换向阀和气缸之间。图 10-32 为快速排气阀应用回路，它使气缸的排气不用通过换向阀而快速排出，从而加速了气缸往复的运动速度，缩短了工作周期。

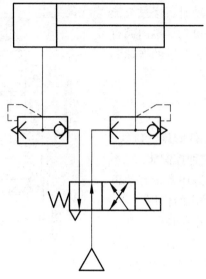

图 10-32　快速排气阀应用回路

10.4　气动逻辑元件

气动逻辑元件是一种以压缩空气为工作介质，通过元件内部可动部件的动作，改变气流流动的方向，从而实现一定逻辑功能的流体控制元件。气动逻辑元件种类很多，按工作压力分为高压、低压、微压 3 种；按结构形式分为截止式、膜片式、滑阀式和球阀式等几种类型。下面仅对高压截止式逻辑元件作一简要介绍。

1.　气动逻辑元件的特点

（1）元件孔径较大，抗污染能力较强，对气源的净化程度要求较低。

（2）元件在完成切动作后，能切断气源和排气孔之间的通道，因此无功耗气量较低。

（3）负载能力强，可带多个同类型元件。

（4）在组成系统时，元件间的连接方便，调试简单。

（5）适应能力较强，可在各种恶劣环境下工作。

（6）响应时间一般为几毫秒或十几毫秒。响应速度较慢，不宜组成运算很复杂的系统。

2.　高压截止式逻辑元件

（1）"是门"和"与门"元件。

图 10-33 为"是门"元件及"与门"元件的结构图。图中，P 为气源口，A 为信号输入口，S 为输出口。当 A 无信号时，阀芯 2 在弹簧及气源压力作用下上移，关闭阀口，封住 P→S 通路，S 无输出；当 A 有信号时，膜片在输入信号作用下，推动阀芯下移，封住 S 与排

气孔通道，同时接通 P→S 通路，S 有输出。即元件的输入和输出始终保持相同状态。

当气源口 P 改为信号口 B 时，则成"与门"元件，即只有当 A 和 B 同时输入信号时，S 才有输出，否则 S 无输出。

（2）"或门"元件。

图 10-34 为"或门"元件的结构图。当只有 A 信号输入时，阀片 1 被推动下移，打开上阀口，接通 A→S 通路，S 有输出。类似地，当只有 B 信号输入时，B→S 接通，S 也有输出。显然，当 A、B 均有信号输入时，S 一定有输出。

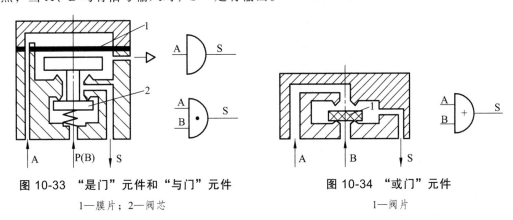

图 10-33　"是门"元件和"与门"元件　　　　　图 10-34　"或门"元件

1—膜片；2—阀芯　　　　　　　　　　　　　　　　1—阀片

（3）"非门"和"禁门"元件。

图 10-35 为"非门"及"禁门"元件的结构图。图中，A 为信号输入孔，S 为信号输出孔，P 为气源孔。在 A 无信号输入时，膜片 2 在气源压力作用下上移，开启下阀口，关闭上阀口，接通 P→S 通路，S 有输出。当 A 有信号输入时，膜片 2 在输入信号作用下，推动阀芯 3 及膜片 2 下移，开启上阀口，关闭下阀口，S 无输出。显然此时为"非门"元件。若将气源口 P 改为信号 B 口，该元件就成为"禁门"元件。在 A、B 均有信号时，膜片 2 及阀芯 3 在 A 输入信号作用下封住 B 孔，S 无输出；在 A 无信号输入，而 B 有输入信号时，S 就有输出，即 A 输入信号起"禁止"作用。

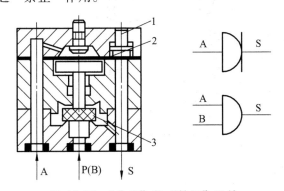

图 10-35　"非门"和"禁门"元件

1—活塞；2—膜片；3—阀芯

（4）"或非"元件。

图 10-36 为"或非"元件工作原理图。P 为气源口，S 为输出口，A、B、C 为 3 个信号

输入口。当 3 个输入口均为无信号输入时，阀芯在气源压力作用下上移，开启下阀口，接通 P→S 通路，S 有输出；3 个输入口只要有 1 个口有信号输入时，都会使阀芯下移关闭阀口，截断 P→S 通路，S 无输出。

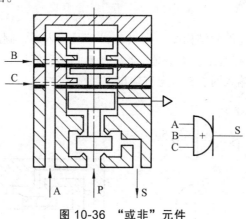

图 10-36　"或非"元件

"或非"元件是一种多功能逻辑元件，用它可以组成"与门""或门""非门""双稳"等逻辑元件。

（5）双稳元件。

记忆元件分为单输出和双输出两种。双输出记忆元件称为双稳元件，单输出记忆元件称为单记忆元件。

图 10-37 为"双稳"元件原理图。当 A 有控制信号输入时，阀芯带动滑块右移，接通 P→S_1 通路，S_1 有输出，而 S_2 与排气孔 O 相通，无输出。此时"双稳"处于"1"状态，在 B 输入信号到来之前，A 信号虽消失，阀芯仍总是保持在右端位置；当 B 有输入信号时，则 P→S_2 相通，S_2 有输出，S_1→O 相通，此时元件为"0"状态，B 信号消失后，A 信号未到来前，元件一直保持此状态。

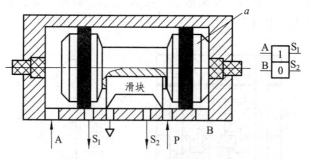

图 10-37　双稳元件工件原理图

3．逻辑元件的应用

每个气动逻辑元件都对应于一个最基本的逻辑单元，逻辑控制系统的每个逻辑符号可以用对应的气动逻辑元件来实现，气动逻辑元件设计有标准的机械和气信号接口，元件更换方便，组成逻辑系统简单，易于维护。但逻辑元件的输出功率有限，一般用于组成逻辑控制系统中的信号控制部分，或推动小功率执行元件。如果执行元件的功率较大，则需要在逻辑元件的输出信号后接大功率的气控滑阀作为执行元件的主控阀。

思考题

1. 画出气源调压装置（三联件）的简化符号，并说出各部分的作用。
2. 简述缓冲装置的原理。
3. 简述冲击气缸的工作原理。
4. 简述气动马达的工作特点。
5. 简述消声器选择的方法。
6. 画出梭阀的职能符号，并简述它的逻辑功能。
7. 什么叫压力控制阀？压力控制阀常用的有哪些种类？
8. 简述排气节流和进气节流的工作特点。
9. 常见的逻辑元件有哪些？各有什么特点？

单元 11 气动回路及应用实例

11.1 气动基本回路

气动基本回路按其功能分为方向控制回路、压力控制回路、速度控制回路和其他常用基本回路。

11.1.1 方向控制回路

1. 单作用气缸换向回路

图 11-1（a）所示为由二位三通电磁阀控制的换向回路，通电时，活塞杆伸出；断电时，在弹簧力作用下活塞杆缩回。图 11-1（b）所示为由三位五通电磁阀控制的换向回路。该阀具有自动对中功能，可使气缸停在任意位置，但定位精度不高，定位时间不长。

（a）二位三通电磁阀控制的换向回路　　　（b）三位五通电磁阀控制的换向回路

图 11-1 单作用气缸换向回路

2. 双作用气缸换向回路

图 11-2（a）为小通径的手动换向阀控制二位五通主阀操纵气缸换向；图 11-2（b）为二位五通双电控阀控制气缸换向；图 11-2（c）为两个小通径的手动阀控制二位五通主阀操纵气缸换向；图 11-2（d）为三位五通阀控制气缸换向，该回路有中停功能，但定位精度不高。

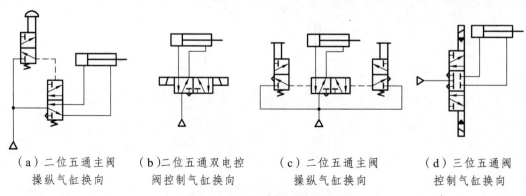

（a）二位五通主阀　　（b）二位五通双电控　　（c）二位五通主阀　　（d）三位五通阀
操纵气缸换向　　　　阀控制气缸换向　　　　操纵气缸换向　　　控制气缸换向

图 11-2 双作用气缸换向回路

11.1.2　压力控制回路

压力控制回路的功用是使系统保持在某一规定的压力范围内。常用的有一次压力控制回路、二次压力控制回路和高低压转换回路。

1. 一次压力控制回路

图 11-3 所示为一次压力控制回路。此回路用于控制储气罐的压力，使之不超过规定的压力值。常用外控溢流阀 1 或用电接点压力表 2 来控制空气压缩机的转、停，使储气罐内压力保持在规定范围内。

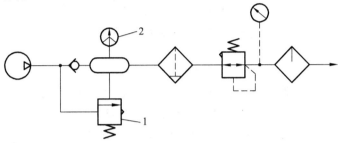

图 11-3　一次压力控制回路

1—溢流阀；2—电接点压力表

2. 二次压力控制回路

图 11-4 所示为二次压力控制回路，图 11-4（a）是由气动三大件组成的，主要由溢流减压阀来实现压力控制；图 11-4（b）是由减压阀和换向阀组成的，对同一系统实现输出高低压力 p_1、p_2 的控制；图 11-4(c)是由减压阀来实现对不同系统输出不同压力 p_1、p_2 的控制。

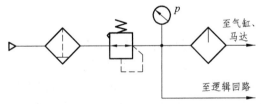

（a）由溢流减压阀控制压力

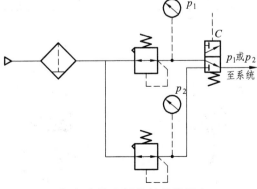

（b）由换向阀控制高低压力

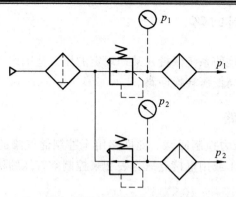

（c）由减压阀控制高低压力

图 11-4   二次压力控制回路

3. 增压回路

图 11-5 所示为增压回路原理图，压缩空气经电磁阀 1 进入缸 2 或 3 的大活塞端，推动活塞杆把串联在一起的小活塞的液压油压入工作缸 5，使活塞在高压下运动。其增压比为 $n = D^2 / D_1^2$。节流阀 4 用于调节活塞运动速度。

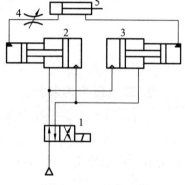

11.1.3   速度控制回路

气动系统因使用的功率都不大，所以主要的调速方法是节流调速。

1. 单向调速回路

图 11-6 所示为双作用缸单向调速回路。图 11-6（a）为供气节流调速回路。在图示位置时，当气控换向阀不换向

图 11-5   增压回路
1—电磁换向阀；2，3—增压缸；
4—节流阀；5—液压缸

时，进入气缸 A 腔的气流流经节流阀，B 腔排出的气体直接经换向阀快排。当节流阀开度较小时，由于进入 A 腔的流量较小，压力上升缓慢。当气压达到能克服负载时，活塞前进，此

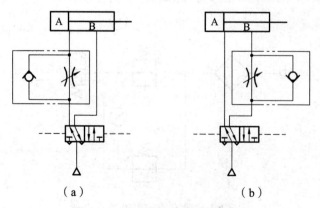

（a）   （b）

图 11-6   双作用缸单向调速回路

时 A 腔容积增大，结果使压缩空气膨胀，压力下降，使作用在活塞上的力小于负载，因而活塞就停止前进。待压力再次上升时，活塞才再次前进。这种由于负载及供气的原因使活塞忽走忽停的现象，叫作气缸的"爬行"。节流供气多用于垂直安装的气缸的供气回路中，在水平安装的气缸供气回路中一般采用节流排气回路，如图 11-6（b）所示。

排气节流调速回路具有下述特点：

（1）气缸速度随负载变化较小，运动较平稳；

（2）能承受与活塞运动方向相同的负载（反向负载）。

2. 双向调速回路

图 11-7 为双向调速回路。图 11-7（a）所示为采用单向节流阀式的双向节流调速回路。图 11-7（b）所示为采用排气节流阀式的双向节流调速回路。它们都是采用排气节流调速方式，当外负载变化不大时，进气阻力小，负载变化对速度影响小，比进气节流调速效果要好。

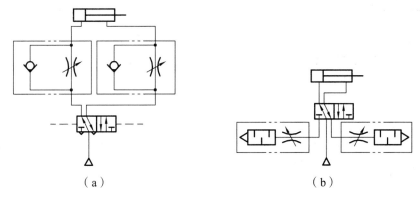

（a）　　　　　　　　　　　　　　　　（b）

图 11-7　双向调速回路

3. 气-液调速回路

图 11-8 所示为气-液调速回路。当电磁阀处于下位接通时，气压作用在气缸无杆腔活塞上，有杆腔内的液压油经机控换向阀进入气-液转换器，从而使活塞杆快速伸出；当活塞杆压下机控换向阀时，有杆腔油液只能通过节流阀到气-液转换器，从而使活塞杆伸出速度减慢；而当电磁阀处于上位时，活塞杆快速返回。此回路可实现快进、工进、快退工况。

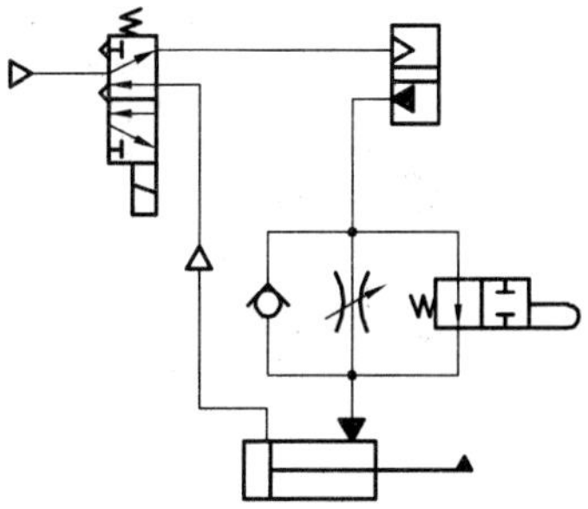

11.1.4　其他常用基本回路

1. 安全保护回路

气动机构负荷过载、气压的突然降低以及气动执行机构的快速动作等都可能危及操作人员或设备的安全，因此在气动回路中，常常要加入安全回路。下面介绍几种常用的安全保护回路。

图 11-8　气-液调速回路

（1）过载保护回路。

图 11-9 所示为过载保护回路。按下手动换向阀 1，在活塞杆伸出的过程中，若遇到障碍

6，无杆腔压力升高，打开顺序阀 3，使阀 2 换向，阀 4 随即复位，活塞立即退回，实现过载保护。若无障碍 6，气缸向前运动时压下阀 5，活塞立刻返回。

（2）互锁回路。

图 11-10 所示为互锁回路。在该回路中，二位四通阀的换向受 3 个串联的机动二位三通阀控制。只有 3 个阀都接通，主阀才能换向。

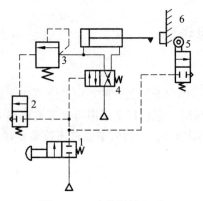

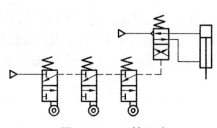

图 11-9　过载保护回路　　　　　　　　图 11-10　互锁回路

1—手动换向阀；2，4—液控换向阀；3—顺序阀；
5—行程阀；6—障碍

（3）双手同时操作回路。

所谓双手同时操作回路就是使用 2 个启动阀的手动阀，只有同时按动 2 个阀才动作的回路。图 11-11 所示为双手同时操作回路。

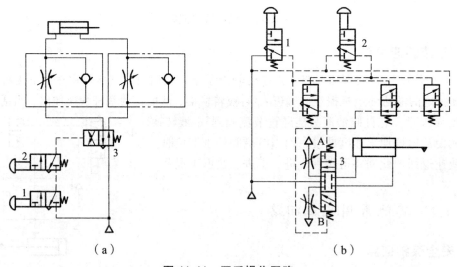

（a）　　　　　　　　　　　　　（b）

图 11-11　双手操作回路

1，2—手动阀；3—换向阀

2. 顺序动作回路

顺序动作回路是指在气动回路中，各个气缸按一定顺序完成各自的动作。

（1）单往复动作回路。

图 11-12 所示为 3 种单往复动作回路。图 11-12（a）是行程阀控制的单往复回路；图 11-12（b）是压力控制的单往复动作回路；图 11-12（c）是利用延时回路形成的时间控制的单往复动作回路。

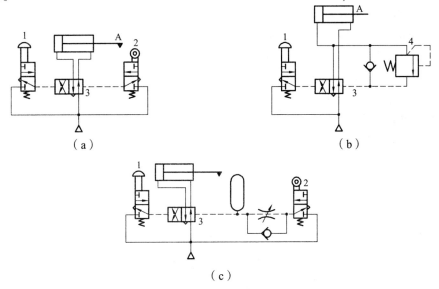

（a）　　　　　　　　　　　　　　　　　　（b）

（c）

图 11-12　单往复动作回路

1—手动阀；2—行程阀；3—换向阀；4—顺序阀

由以上可知，在单往复动作回路中，每按下一次按钮，气缸就完成一次往复动作。

（2）连续往复动作回路。

图 11-13 所示为连续往复动作回路，它能完成连续的动作循环。

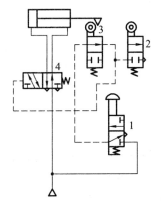

图 11-13　连续往复动作回路

1—手动阀；2，3—行程阀；4—换向阀

11.2　工件夹紧气压传动系统

气压传动技术是实现工业生产自动化和半自动化的方式之一，它的应用遍及工业生产的各个部门，特别是在机电装备和生产装备线上得到广泛应用。

气压传动在机床领域的典型应用有工件夹紧气压传动系统、气动钻床气压传动系统、气-液动力滑台气压传动系统、数控加工中心气动换刀系统、八轴仿形铣加工机床。

工件夹紧气压传动系统是机械加工自动线和组合机床中常用的夹紧装置的驱动系统。图11-14为机床夹具的气动夹紧系统，其元件构成及作用如下：

（1）二位四通手动换向阀：控制液压缸 A 的上升和下降。

（2）二位三通先导换向阀：控制阀 6 的换位。

（3）可调单向节流阀：起到保压作用和保护气压系统。

（4）二位四通换向阀：控制气缸 B、C 的活塞伸出与收缩。

（5）可调单向节流阀：保压回路，起到保护过载作用。

（6）二位三通单气控截止换向阀：控制气缸 B、C。

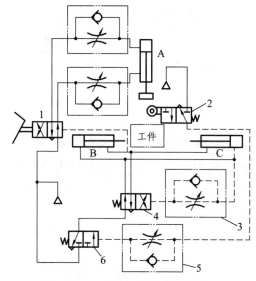

图 11-14　机床夹具气动夹紧系统

1—脚踏阀；2—行程阀；3，5—单向节流阀；4，6—换向阀

其动作循环是当工件运动到指定位置后，气缸 A 活塞杆伸出，将工件定位后，两侧的气缸 B 和 C 的活塞杆同时伸出，从两侧面对工件夹紧，然后再进行切削加工，加工完后各夹紧缸退回，将工件松开。

具体工作原理如下：用脚踏下阀 1，压缩空气进入缸 A 的上腔，使活塞下降定位工件。当压下行程阀 2 时，压缩空气经单向节流阀 5 使二位三通气控换向阀 6 换向（调节节流阀开口可以控制阀 6 的延时接通时间），压缩空气通过阀 4 进入两侧气缸 B 和 C 的无杆腔，使活塞杆前进而夹紧工件。然后钻头开始钻孔，同时流过换向阀 4 的一部分压缩空气经过单向节流阀 3 进入换向阀 4 右端，经过一段时间（由节流阀控制）后换向阀 4 右位接通，两侧气缸后退到原来位置。同时，一部分压缩空气作为信号进入脚踏阀 1 的右端，使阀 1 右位接通，压缩空气进入缸 A 的下腔，使活塞杆退回原位。活塞杆上升的同时使机动行程阀 2 复位，气控换向阀 6 也复位（此时主阀 3 右位接通），由于气缸 B、C 的无杆腔通过阀 6、阀 4 排气，换向阀 6 自动复位到左位，完成一个工作循环。该回路只有再踏下脚踏阀 1 才能开始下一个工作循环。

11.3 数控加工中心气动换刀系统

图 11-15 所示为某数控加工中心气动系统原理图，该系统主要实现加工中心的自动换刀功能，在换刀过程中实现主轴定位、主轴松刀、拔刀、向主轴锥孔吹气排屑和插刀动作。

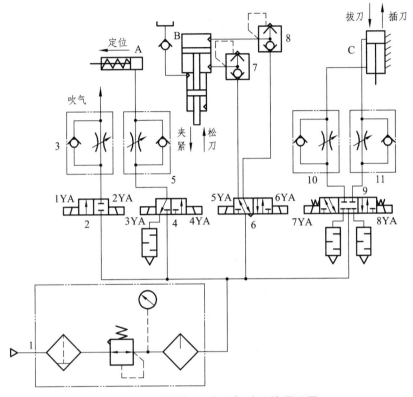

图 11-15 数控加工中心气动系统原理图

1—气动三联件；2—二位二通电磁换向阀；3，5，10，11—单向节流阀；4—二位三通电磁换向阀；
6—二位五通电磁换向阀；7，8—快速排气阀；9—三位五通电磁换向阀

具体工作原理如下：当数控系统发出换刀指令时，主轴停止旋转，同时 4YA 通电，压缩空气经气动三联件 1、换向阀 4、单向节流阀 5 进入主轴定位缸 A 的右腔，缸 A 的活塞左移，使主轴自动定位。定位后压下开关，使 6YA 通电，压缩空气经换向阀 6、快速排气阀 8 进入气液增压器 B 的上腔，增压腔的高压油使活塞伸出，实现主轴松刀，同时使 8YA 通电，压缩空气经换向阀 9、单向节流阀 11 进入缸 C 的上腔，缸 C 下腔排气，活塞下移实现拔刀。由回转刀库交换刀具，同时 1YA 通电，压缩空气经换向阀 2、单向节流阀 3 向主轴锥孔吹气。稍后 1YA 断电、2YA 通电，停止吹气。8YA 断电、7YA 通电，压缩空气经换向阀 9、单向节流阀 10 进入缸 C 的下腔，活塞上移，实现插刀动作。6YA 断电、5YA 通电，压缩空气经阀 6 进入气液增压器 B 的下腔，使活塞退回，主轴的机械机构使刀具夹紧。4YA 断电、3YA 通电，缸 A 的活塞在弹簧力的作用下复位，恢复到开始状态，换刀结束。

思考题

1. 简述图 11-16 所示的方向控制回路的工作原理。

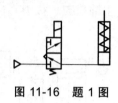

图 11-16　题 1 图

2. 什么是气液调速回路？

3. 图 11-17 所示的过载保护回路是如何实现其功能的？

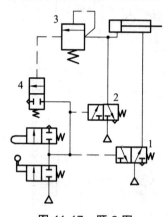

图 11-17　题 2 图

1，2，4—液控换向阀；3—顺序阀

4. 排气节流调速回路的特点是什么？

5. 试述气动夹紧系统的工作过程。

6. 简述数控加工中心气动换刀系统的工作过程，并完成电磁铁动作顺序表。

参考文献

[1] 潘楚滨. 液压与气压传动[M]. 北京：机械工业出版社，2010.

[2] 陈平. 液压与气压传动技术[M]. 北京：机械工业出版社，2010.

[3] 顾力平. 液压与气动技术[M]. 北京：中国建材工业出版社，2010.

[4] 王积伟，章宏甲，黄谊. 液压与气压传动[M]. 北京：机械工业出版社，2005.

[5] 简引霞. 液压传动技术[M]. 西安：西安电子科技大学出版社，2006.

[6] 姜佩东. 液压与气动技术[M]. 北京：高等教育出版社，2007.

[7] SMC（中国）有限公司. 现代实用气动技术[M]. 北京：机械工业出版社，2014.

[8] 郑兰霞. 液压与压传[M]. 北京：人民邮电出版社，2010.

[9] 邱国庆. 液压技术与应用[M]. 北京：人民邮电出版社，2008.

[10] 左健民. 液压与气压[M]. 北京：机械工业出版社，1999.

[11] 张群生. 液压与气压传动[M]. 北京：机械工业出版社，2001.

[12] 张宏友. 液压与气动技术[M]. 大连：大连理工大学出版社，2006.

[13] 张利平. 液压泵及液压马达原理、使用与维护[M]. 北京：化学工业出版社，2009.

附录　常用液压与气动元件图形符号
（摘自 GB/T 786.1—2009）

附表 1　液压泵、液压马达和液压缸

名称	符号	说明	名称	符号	说明
液压泵		一般符号	双向定量液压马达		双向流动，双向旋转，定排量
液压泵 单向定量液压泵		单向旋转，单向流动，定排量	液压马达 单向变量液压马达		单向流动，单向旋转，变排量
双向定量液压泵		双向旋转，双向流动，定排量	双向变量液压马达		双向流动，双向旋转，变排量
单向变量液压泵		单向旋转，单向流动，变排量	摆动马达		双向摆动，定角度
双向变量液压泵		双向旋转，双向流动，变排量	定量液压泵-马达		单向流动，单向旋转，定排量
液压马达 液压马达		一般符号	泵-马达 变量液压泵-马达		双向流动，双向旋转，变排量
单向定量液压马达		单向流动，单向旋转，定排量	液压整体式传动装置		单向旋转，变排量泵，定排量马达

续表

名称	符号	说明	名称	符号	说明
单活塞杆缸		详细符号	不可调单向缓冲缸		详细符号
		简化符号			简化符号
单活塞杆缸(单弹簧复位)		详细符号	可调单向缓冲缸		详细符号
		简化符号			简化符号
柱塞缸		详细符号	不可调双向缓冲缸		详细符号
伸缩缸		详细符号			简化符号
单活塞杆缸		详细符号	可调双向缓冲缸		详细符号
		简化符号			简化符号
双活塞杆缸		详细符号	伸缩缸	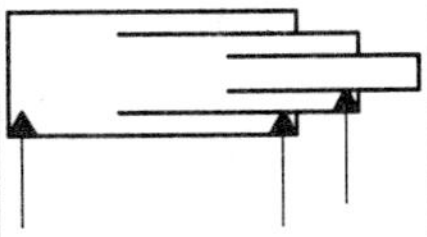	详细符号
		简化符号			

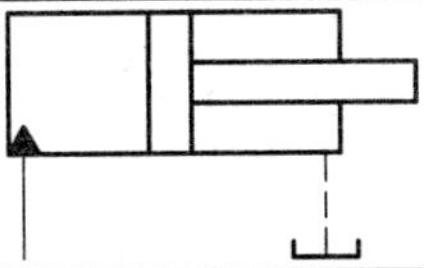

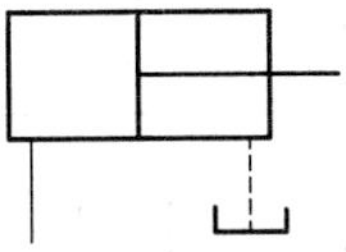

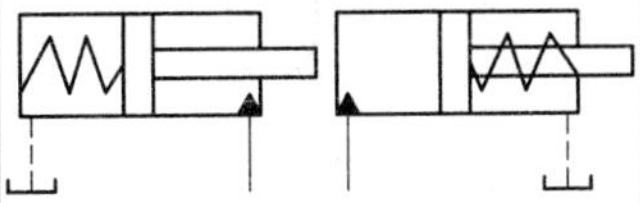

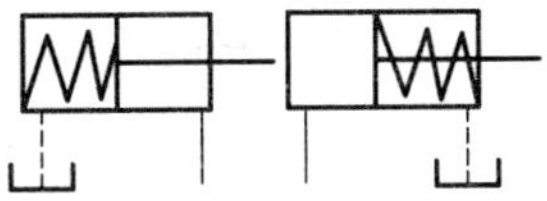

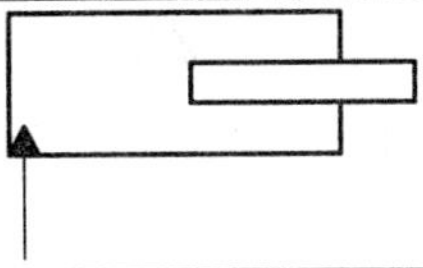

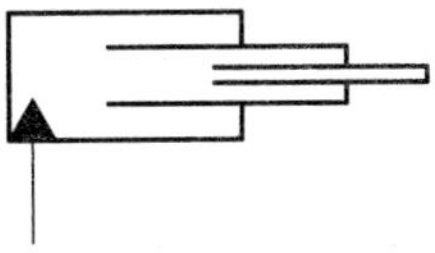

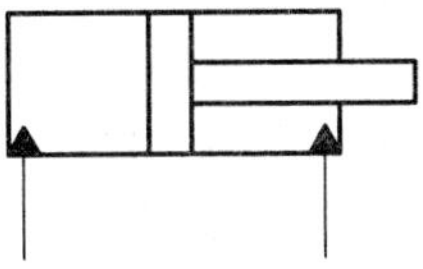

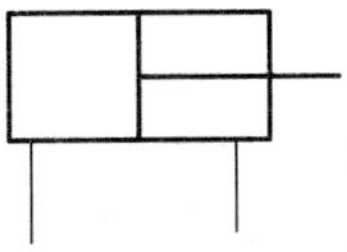

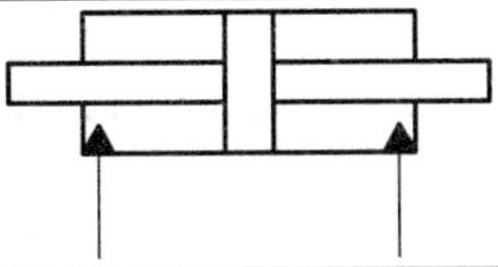

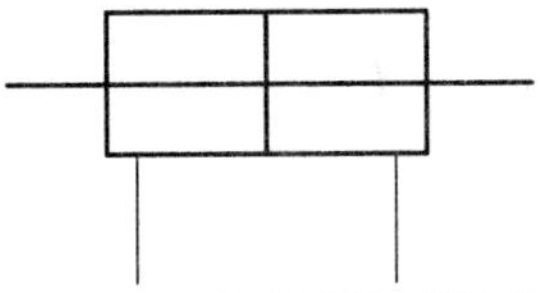

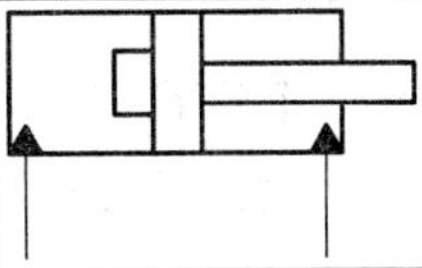

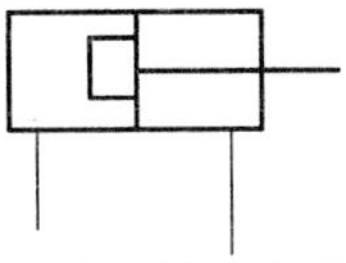

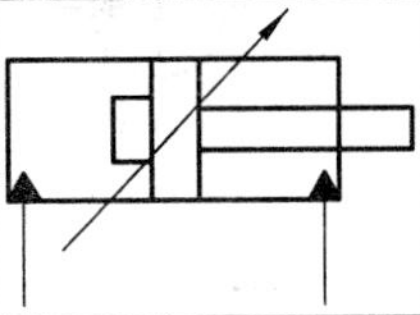

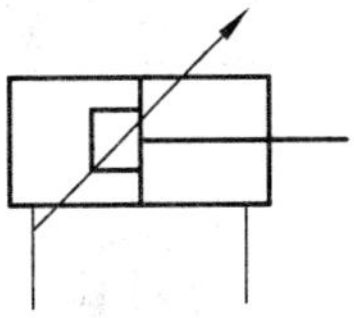

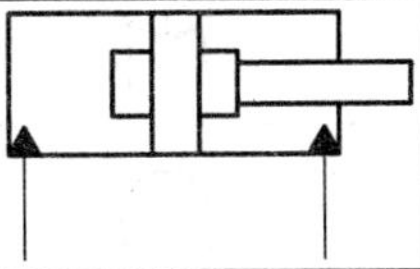

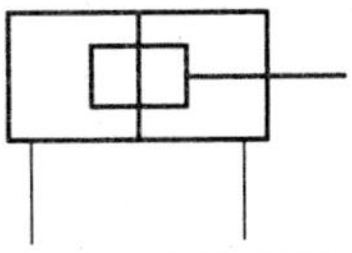

单作用缸（左侧）

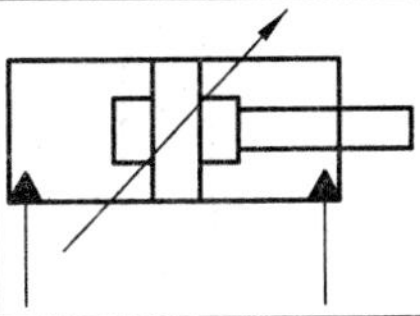

双作用缸（中间）

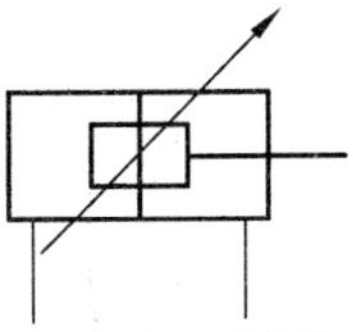

双作用缸（右侧）

名称		符号	说明	名称		符号	说明
压力转换器	气-液转换器		单程作用	蓄能器	弹簧式		
			连续作用		辅助气瓶		
	增压器		单程作用		气罐		
			连续作用	能量源	液压源		一般符号
蓄能器	蓄能器		一般符号		气压源		一般符号
	气体隔离式				电动机	M	
	重锤式				原动机	M	电动机除外

附表 2　机械控制装置和控制方法

名称		符号	说明	名称		符号	说明
机械控制件	直线运动的杆		箭头可省略	人力控制方法	拉钮式		
	旋转运动的轴		箭头可省略		按拉式		
	定位装置				手柄式		
	锁定装置		*为开锁的控制方法		单向踏板式		
	弹跳机构				双向踏板式		
机械控制方法	顶杆式			直接压力控制方法	加压或卸压控制		
	可变行程控制式				差动控制		
	弹簧控制式				内部压力控制		控制通路在元件内部
	滚轮式		两个方向操作		外部压力控制		控制通路在元件外部
	单向滚轮式		仅在一个方向上操作，箭头可省略	先导压力控制方法	液压先导加压控制		内部压力控制
人力控制方法	人力控制		一般符号		液压先导加压控制		外部压力控制
	按钮式				液压二级先导加压控制		内部压力控制，内部泄油

名称	符号	说明	名称	符号	说明
气-液先导加压控制	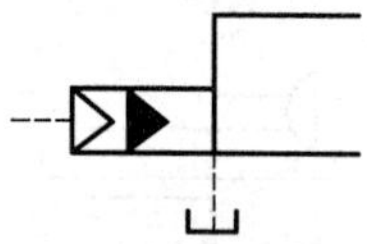	气压外部控制，液压内部控制，外部泄油	单作用电磁铁		电气引线可省略，斜线也可向右下方
电-液先导加压控制	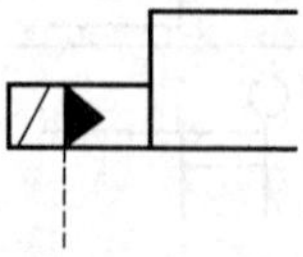	液压外部控制，内部泄油	双作用电磁铁		
液压先导卸压控制	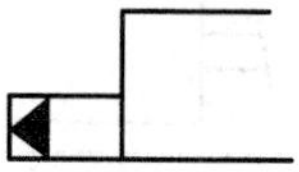	内部压力控制，内部泄油	单作用可调电磁操作（比例电磁铁、力矩马达）		
液压先导加压控制	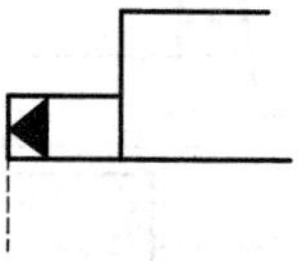	外部压力控制（带遥控泄放口）	双作用可调电磁操作（力矩马达）		
电-液先导控制	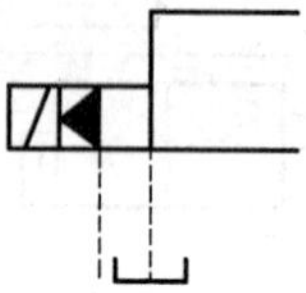	电磁铁控制、外部压力控制，外部泄油	旋转运动电气控制装置		
先导型压力控制阀	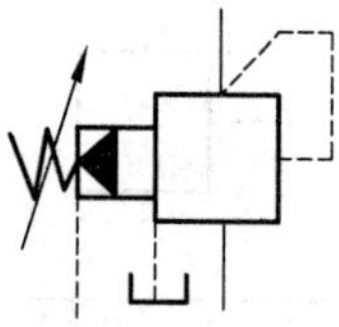	带压力调节弹簧，外部泄油，带遥控泄放口	反馈控制		一般符号
先导型比例电磁式压力控制阀	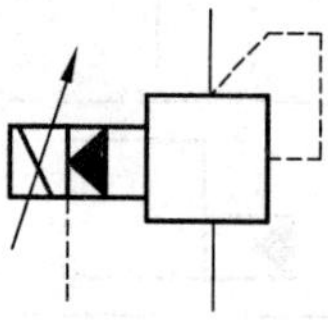	先导级由比例电磁控制，内部泄油	电反馈	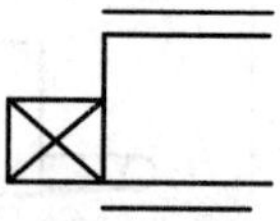	如电位器、差动变压器等检测位置
			内部机械反馈	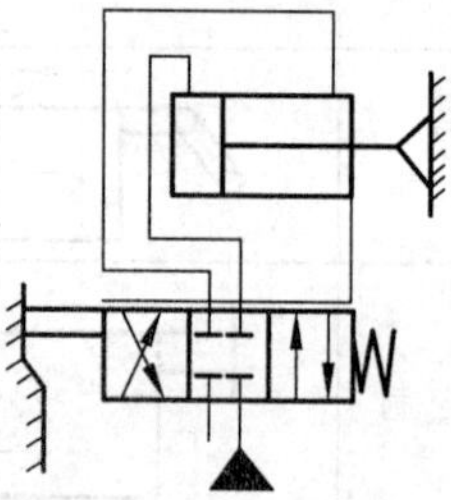	如随动阀仿形控制回路等

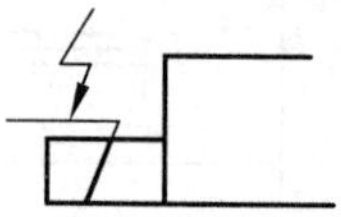

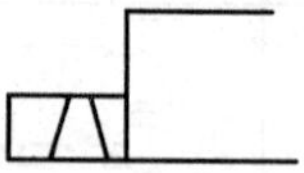

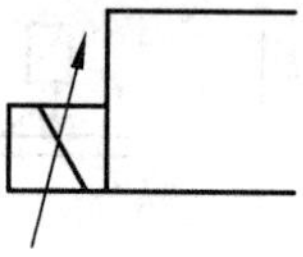

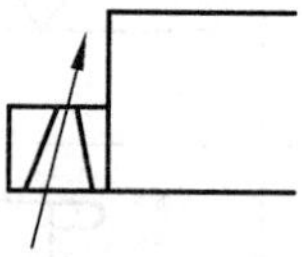

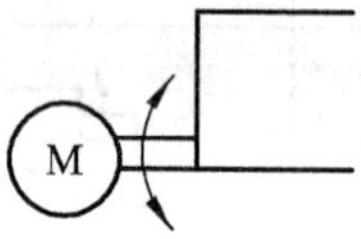

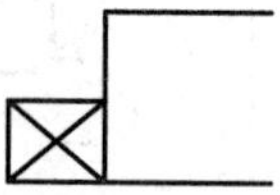

先导压力控制方法（左侧纵向合并单元格）

电气控制方法 / 反馈控制方法（右侧纵向合并单元格）

附表 3 压力控制阀

名称		符号	说明	名称		符号	说明
溢流阀	溢流阀		一般符号或直动型溢流阀	减压阀	先导型比例电磁式溢流减压阀		
	先导溢流阀				定比减压阀		减压比 1/3
	先导型电磁溢流阀				定差减压阀		
	直动式比例溢流阀			顺序阀	顺序阀		一般符号或直动型顺序阀
	先导比例溢流阀				先导型顺序阀		
	卸荷溢流阀	p_2 p_1	$p_2 > p_1$ 时卸荷		单向顺序阀（平衡阀）		
	双向溢流阀		直动式，外部泄油	卸荷阀	卸荷阀		一般符号或直动型卸荷阀
减压阀	减压阀		一般符号或直动型减压阀		先导型电磁卸荷阀	p_1 p_2	$p_2 > p_1$
	先导型减压阀			制动阀	双溢流制动阀		
	溢流减压阀				溢流油桥制动阀		

附表 4　方向控制阀

名称		符号	说明	名称	符号	说明
单向阀	单向阀		详细符号	二位二通电磁阀		常通
				二位三通电磁阀		
			简化符号（弹簧可省略）	二位三通电磁球阀		
液控单向阀	液控单向阀		详细符号（控制压力关闭阀）	二位四通电磁阀		
			简化符号	二位五通液动阀		
			详细符号（控制压力打开阀）	二位四通机动阀		
			简化符号（弹簧可省略）	三位四通电磁阀		
				三位四通电液阀		简化符号（内控外泄）
	双液控单向阀		简化符号（弹簧可省略）	三位六通手动阀		
				三位五通电磁阀		

名称		符号	说明	名称		符号	说明
换向阀	二位二通电磁阀		常断	换向阀	三位四通比例阀		中位负遮盖
	二位四通比例阀				三位四通电液伺服阀		二级
	三位四通伺服阀						带电反馈三级
	三位四通电液阀		外控内泄（带手动应急控制装置）	梭阀	或门型		详细符号
	三位四通比例阀		节流型，中位正遮盖				简化符号

附表5　流量控制阀

名称		符号	说明	名称	符号	说明
节流阀	可调节流阀		详细符号	调速阀		简化符号
			简化符号	旁通调速阀		简化符号
	不可调节流阀		一般符号	温度补偿型调速阀		简化符号
	单向节流阀			单向调速阀		简化符号
	双单向节流阀			分流阀		
	截止阀			单向分流阀		
	滚轮控制节流阀（减速阀）			集流阀		
调速阀	调速阀		详细符号	分流集流阀		

附表 6 其他辅助元器件

名称	符号	说明	名称	符号	说明
压力继电器（压力开关）	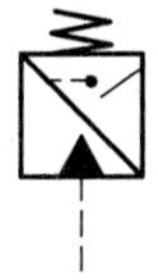	详细符号	压差开关	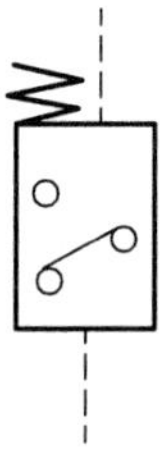	
	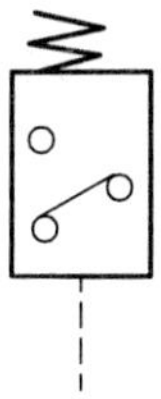	一般符号			
行程开关	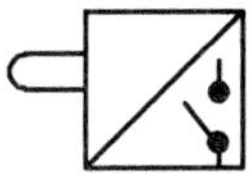	详细符号	传感器 传感器	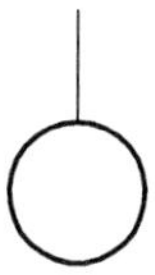	一般符号
	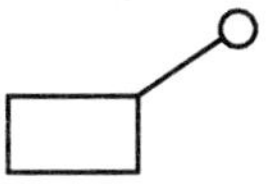	一般符号	传感器 压力传感器	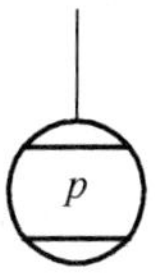	
联轴器 联轴器	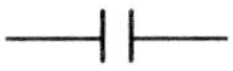	一般符号	传感器 温度传感器	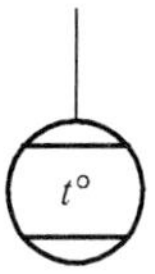	
联轴器 弹性联轴器	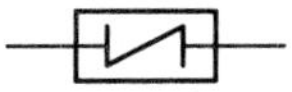		放大器	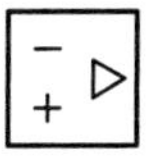	

附表 7 油箱

名称	符号	说明	名称	符号	说明
通大气式 管端在液面上	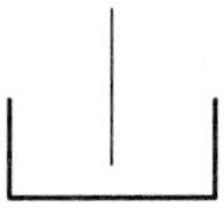		油箱 局部泄油或回油	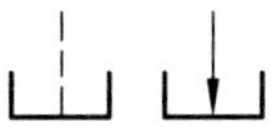	
通大气式 管端在液面下	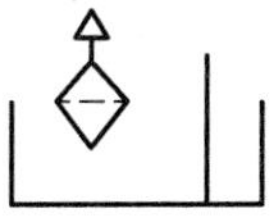	带空气过滤器	加压油箱或密封油箱	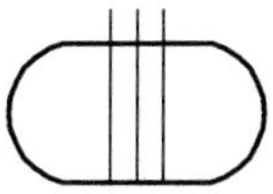	三条油路
油箱 管端在油箱底部	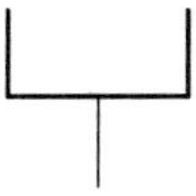				

附表 8　流体调节器

名称		符号	说明	名称		符号	说明
过滤器	过滤器			空气过滤器			
	带污染指示器的过滤器						
	磁性过滤器			温度调节器			
	带旁通阀的过滤器			冷却器	冷却器		
	双筒过滤器				温度调节器		
					加热器		

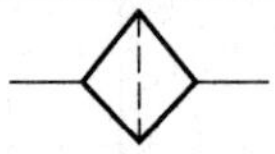

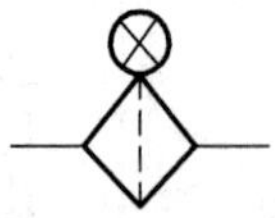

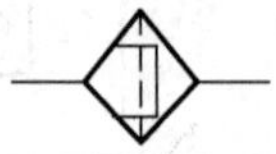

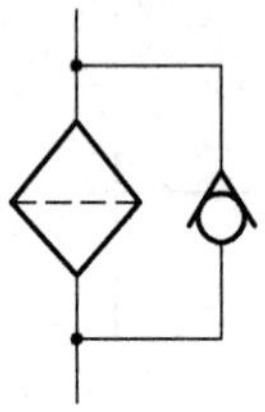

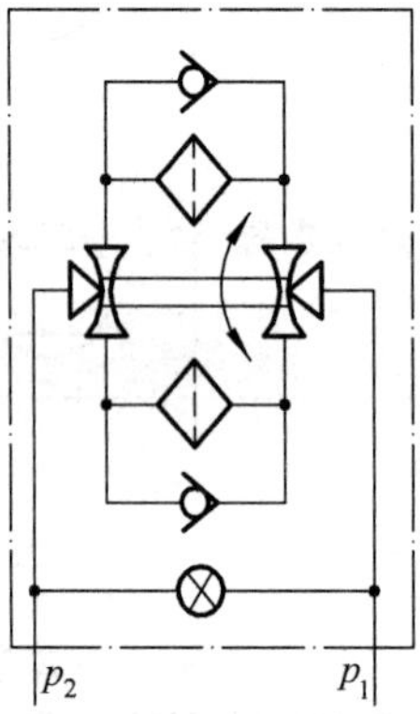

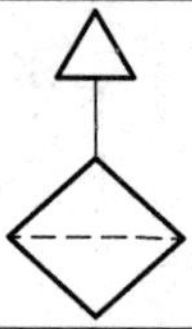

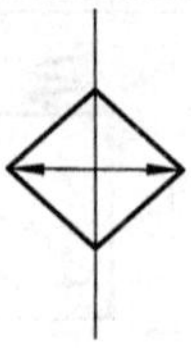

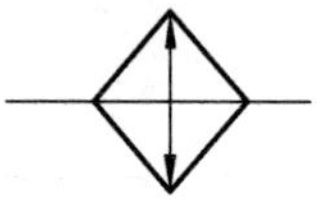

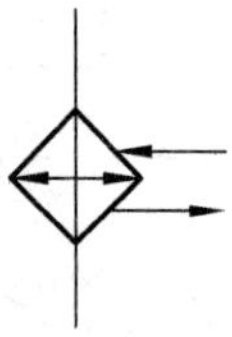

附表 9　检测器、指示器

名称		符号	说明	名称		符号	说明
压力检测器	压力指示器			压力检测器	电接点压力表（压力显控器）	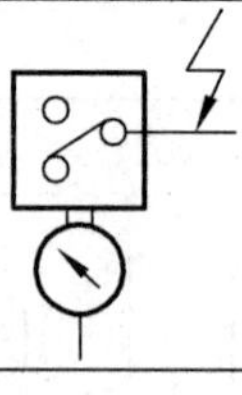	
	压力表				压差控制表		
	液位计				温度计		

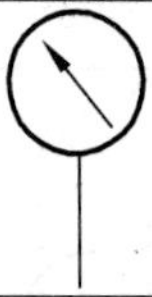

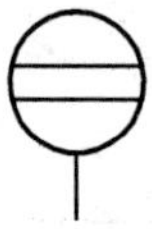

续表

名称		符号	说明	名称	符号	说明
流量检测器	检流计（液流指示器）			转速仪	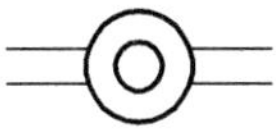	
	流量计	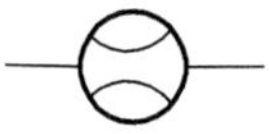		转矩仪	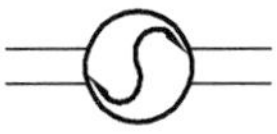	
	累计流量计	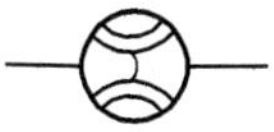				

附表 10　管路、管路接口和接头

名称		符号	说明	名称		符号	说明
管路	管路		压力管路，回油管路	快换接头	不带单向阀的快换接头	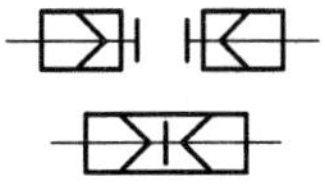	
	连接管路	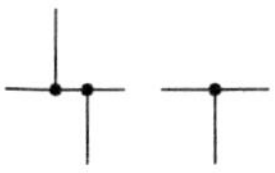	两管路相交连接				
	控制管路		可表示泄油管路		带单向阀的快换接头	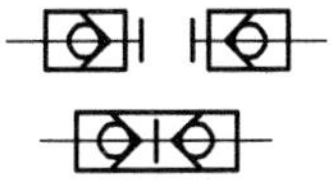	
	交差管路	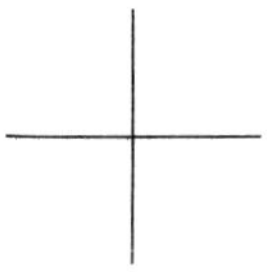	两管路交叉不连接				
	柔性管路			旋转接头	单通路旋转接头	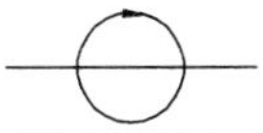	
	单向放气装置（测压接头）				三通路旋转接头	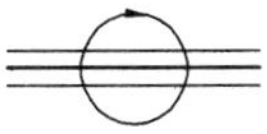	